プレジデント社

まえがき

小学生の頃、俺は同級生や上級生からずいぶんとからかわれた。

「お前の父ちゃん、ゴミ屋の社長！　ゴミ屋の社長！」

そう言われても、彼らを憎む気持ちはなかった。ただ無性に悲しかった。

父ちゃんが汗だくになって懸命に働いている。俺はその後ろ姿を思い出し、悲しくってやりきれなかった。懸命にまじめに生きている親をなぜ、そんな言葉でバカにできるのかその理由がわからず、だから悲しかった。

俺は幼心に、人を生まれや見てくれ、仕事や国籍からバカにするのは絶対にやめようと思った。

その悲しみから二十数年後の、２０１６（平成28）年に、俺は37歳でその「ゴミ屋」の二代目になる。埼玉県深谷市にある株式会社シタラ興産の後継社長である。主な事業は、産業廃棄物処理業だ。

俺はすぐ熱くなりやすく、すぐ行動したがり、すぐ熱中する。四六時中、気になることばかりを考えぬく。俺は決して優秀な人間ではないはずだ。むしろ、バカのほうに傾いている。

バカだから一足飛びに成長できない。壁にぶち当たり、落とし穴にはまり、すり傷をつくり、ときには骨折しながら、大声で雄叫びを上げ、嬉し泣きをしながら、己の体験を通して一歩一歩、俺の道を極めてきた。

若い頃の俺は家族に対しても後ろめたい気持ちを持っていた。父ちゃんは高校時代、国体（国民体育大会）の棒高跳びで優勝した。弟は元A級プロボクサーで、日本タイトルをかけて後楽園ホールで戦ったことがある。ともに打ち込めるものがあり、羨ましかった。そんな気持ちを抱えながら、俺はそんな俺と戦った。

読者の皆さんの中には、自他ともに認める優秀な方も多いはずだ。セミナーなどに参加して、勉強することもあるだろうし、分厚い専門書で学ぶこともあるだろう。しかし、俺はダメなんだ。俺はセミナーや専門書などで学んでも、学んだことを生かせないタイプの人間だ。

残念ながら俺は、俺が生きてきた経験でしか学べない。その経験から失敗は繰り返さない、同じ轍は踏まないということを実感し、それを教訓にしてきた。誰かから手取り足取り教えられるよりも、自分の経験を増やし、そこから学ぶ人間なのである。

こんな俺でも、後継社長として、人並みにやってこられた。社長就任時には14億円だった年商を3年でその倍以上にした。また、2016（平成28）年11月には日本初の産業廃棄物を選別するAI搭載ロボットの導入を行い、2017（平成29）年に渋沢栄一ビジネス大賞を頂戴するなど、それなりに成果は残してきたつもりだ。

しかし、すでに確定した事実にはあまり興味がない。俺には、まだやりたいことがある。夢がある。その夢を旗に立てて、今この瞬間からその旗に向かって走ることしか考えていない。

俺と同じように「あんまり優秀じゃないけどさ」と思っている読者のみんなに、しかしみんなも懸命に生きてるじゃない。だから俺は、エールを贈りたいと思った。自分が置かれた環境で、頑張っている人、努力している人、一歩が踏み出せずに悩んでいる人、努力しているのに結果が出せない人、そんなみんなのために、俺の傷だらけの経験を語ることで、みんなにその生きざまを笑ってほしかった。笑ってくれたら、みんなの心に、「勇気」という小さな火種が生まれるはずだ。

たいそうな学歴がなくても、誇らしい経験がなくても、自分なりの素晴らしい成功はつくり出せるんだということを実感してほしいと思った。

「まえがき」の最後に、妻・聖子とのやり取りを挙げたい。

2016(平成28)年5月4日に、AI搭載ロボットが稼働する新工場「サンライズFUKAYA工場」の竣工式を開催した。この新工場は、多くのマスコミにも紹介された。竣工式には300人ほどが集まってくださり、盛大に行われた。

この時期、俺と聖子は結婚式を行うため、準備に向けて動いていた。しかし、俺は、「本当にこれでいいのか?」と考えるようになった。「工場の竣工式と俺の結婚式。短期間に2回もお客様を呼ぶなんて、そんな失礼なことはできない」と聖子に伝えた。「2回も俺が幸福なことを人に伝えることはできない。だから、我慢してくれ」と謝ると、聖子は「わかったよ」と言ってくれた。それから2人で結婚式場に断りに行った。聖子にしたら、無茶苦茶な話だ。しかし、俺はそんな二代目なんだ。

俺の発想は常に、会社ファースト、社員ファースト。結婚前に、俺は聖子にそのことを話した。「俺の優先順位の中で、俺の家族は二番」「経営が厳しくなったときには、俺は自分の家族だけが裕福で、社員にボロボロの生活をさせることは絶対にできない。それなら、家族を我慢させる道を選ぶ」と話した。すると、聖子は、「自分が働いて家族を支えるから大丈夫」と言ってくれた。

俺は「ありがとう」という感謝の言葉しか出てこなかった。泣かせるじゃねぇか。俺はその一言で、聖子のことをさらに深く愛するようになった。俺は聖子の言葉に支えられて社長をしている。

こんな話を「まえがき」に書くなんて、俺ってやはりバカだろう。
でも、俺のバカは、人を悲しませない。俺のバカは、人を幸せにするバカなんだ。
第1章から終章まで、泣き笑いの俺の生きざまが続く。
まずは、読んでもらえないだろうか。

ひとつ、ことわりを言う。本書では、「私」のことを「俺」と言わせてもらった。小さい頃から40歳になった今も、俺は一度も、「私」という言葉を使ったことがない。俺は「俺」を通してきた。もし、本書で「私」を使ったら、俺は俺を語れなくなってしまう。だから、許してほしい。

２０１9年盛夏　設楽竜也

もくじ

Episode
03

俺の工場が燃えている!?

Episode 04

俺、アイアンマンになる！

俺と父ちゃん、親子で覚悟の白装束

みんながいるんだ。俺がいるんだ

Episode
LAST

まだまだ夢の途中

カバー写真＝河上秀司

Episode 01

ガキ大将、サンパウロでハンバーガーを喰らう

AI搭載ロボット、サンライズFUKAYA工場で稼働!!

「設楽社長、『日本経済新聞』1面を読んだか。すごいことになっているぞ」

２０１７（平成29）年11月27日月曜日の早朝、知り合いの社長から電話をもらった。

いつもは冷静な社長なのだが、この日は少し興奮気味だった。

さっそく、その社長に言われたように、『日本経済新聞』の1面を見る。すると、「危機を好機に（1）成長か衰退か」「人手不足 飛躍のバネに」という見出しが、俺の目に飛び込んできた。記事の書き出しは、

いても立ってもいられず、飛行機に飛び乗った。「これしかない」。深刻な人手不足に苦しんでいた資源リサイクルのシタラ興産（埼玉県深谷市）の設楽竜也社長にとって、残る頼みの綱は人づてに聞いたフィンランドのロボットだけだった。

というものだった。記事には多少、事実と異なる誇張した表現があったが、その記事を読み出すと同時に、電話が盛んに鳴り始め、その日は電話の嵐だった。

このように大騒ぎになったのは、俺たちがつくった「サンライズFUKAYA工場」で、AI搭載ロボットが2016（平成28）年11月から本格的に稼働したからだ。この工場の面積は5500㎡で、シタラ興産の中では一番規模の大きい工場である。

AI搭載ロボットとはアーム型ロボットで、人手に代わってセンサーで廃棄物を画像認識し、AI（人工知能）が瞬時に識別するものだ。これまでは、18人による手作業だったが、現在は2人がロボットを見守るだけですむ。人手では1日400トンが限界だったが、導入後、1日の処理能力は5倍に増えた。

工場完成当時、工場への見学は業界新聞、口コミ等で知った同業者が多かった。A

サンライズFUKAYA工場内のAI搭載ロボット

I搭載ロボットがどう動き、どう処理するのか、同業者の関心は高かった。それから、ロボット開発の研究をしている大学の先生、工場建設の許可を与えた埼玉県庁、他の自治体からも来ていた。

また、いくつかの環境保全協議会の方、小中学校の社会科見学、あとは工場見学が好きなマニアの方や近隣の町内会の方々など、幅広い層の方が見にやって来た。

ところが、シタラ興産のAI搭載ロボットが『日本経済新聞』や、その2カ月後の2018（平成30）年1月22日に朝のNHKニュース番組「おはよう日本」で紹介されると、一部上場企業の方たちが1000人ほど見学に訪れた。これまでお付き合いのなかった大手ゼネコンや鉄鋼業、原子力発電所の経営者、経営幹部の方たちである。そして、トータルで1万8000人の方々が来場された。

見学に大手企業の方々が訪れるようになると、俺たちは1回1回の見学会でさまざまなことに気を使うようになった。俺たちの工場で俺たちが動かしているのに、うまく説明できず恥をかくのは嫌だと思ったのである。そこで、俺も社員も見学会準備のためにかなり時間をかけた。

まず、見学者の方たちは、俺たち以上に説明能力があると思われるので、彼らからの質問に答えられるよう社員同士で質疑応答の準備を重ねた。また、見学会のスタートは、社長である俺の挨拶から始まるので念入りに準備をした。

さらに、見学理由によって2パターンに分けた。ロボットに関することを知りたい場合と、新工場設立の経緯について聞きたい場合である。

AI搭載ロボットに関しては、実際にロボットのアームがどんな動きをするのか、どのようなシステムで動いているのか、という質問に解説を交えて答えていくようにした。ロボット購入や工場レイアウトなどは俺が決めたが、こちらについての解説は、実際にロボットを扱っている担当社員2人に任せた。

2人は、ロボットを開発したフィンランドの会社「ゼンロボティクス」に何度も足を運び、現地の技術者と対等に話せるレベルにまで英会話の能力を磨いた。最初は何もわからないゼロからのスタートだったが、頑張って勉強してくれたことで、大学の先生にも負けないほど弊社のロボットについて説明できるようになった。

新工場設立の経緯については、設立を決断するに至った経緯、なぜこのようなシステムにしたのか、導入のきっかけや今後の普及、そしてシタラ興産が何を目指し、将来どうしたいのかなどを、俺が前面に出て説明した。

見学は、20人程度であれば、俺を先頭に5人ほどで対応した。また、大型バスで40人以上であれば7人で対応している。ほぼ毎日のように見学者は訪れるので、その対応に日中は追われている。

このAI搭載ロボットを購入した際に、フィンランドのゼンロボティクスには、「誰であっても見学希望があればロボットを見せる」と明言した。同業他社はもちろん、関心のある他業種の方たちに廃棄物処理について知ってもらいたかったからだ。日程

シタラ興産・サンライズFUKAYA工場の外観

が空いていれば、どんな方でも見学依頼を絶対に断らないことにしている。

これまでの工場建設とＡＩ搭載ロボット導入とを合わせて約30億円をつぎこんでいる。実は、その建設と稼働までには山あり谷ありのストーリーがあった。

このストーリーについて、幼少期の話から現在まで、順を追って触れていきたい。山あり谷ありがどんなものだったのか、まずは本章でそこに至るまでの若き日の俺のストーリーにお付き合いいただけたらと思う。

おかずはシャケの切り身1切れ

俺は1979（昭和54）年10月28日午

2歳の頃の俺

前5時8分に、深谷市上柴で生まれた。2019（令和元）年10月28日で40歳になる。両親と弟の4人家族（父ちゃんは博、母ちゃんは光江、弟は賢太）で、俺は長男として生まれたのだ。

母ちゃんはいつも父ちゃんを大切にしていた。父ちゃんが仕事から帰ってくるまでは、夕飯は食べない、お風呂も入らない。父ちゃんの帰りを待つのが当たり前だった。その関係は今も変わらない。家族愛にあふれる家庭だったと、子ども心にも感じていた。

「父ちゃんはすごい人なんだよ」

俺と弟が幼かった頃、母ちゃんはいつも

口癖のように話していた。「父ちゃんはすごいんだよ」とずっと言われ続けていたので、俺と弟は疑うこともなく「父ちゃんはすごい！」と心の底から信じて育った。実際、父ちゃんはすごかった。元陸上選手で、棒高跳びで国体優勝をしたこともあり、地元・深谷では有名人だったのだ。

国体優勝の父ちゃん

父ちゃんは1949（昭和24）年に深谷市に生まれ、地元の深谷商業高校を卒業した後は日立の実業団に入り、棒高跳びで活躍していた。30歳で脱サラすると、廃品回収の事業を始めた。「有限会社設楽商会」を創業したのだ。俺が小学生の頃は本当に創業したての頃で、家族4人が食べていくのは大変だったらしい。

その頃は借家住まいで、トイレもいわゆるボットン便所だった。当時の設楽家は好きなものを好きなだけ食べられるような恵まれた家庭ではなかった。家族で食卓を囲んだ記憶をたどると、必ず思い出すのがシャケの切り身だ。

普通は1人1切れを食べると思うが、設楽家では、1切れのシャケを家族4人でつっついて食べることがよくあったのだ。1切れのシャケをちょっとずつ分け合いながら、家族みんなで食べる。この光景が俺には思い出深く、今でもシャケは大好物だ。

当時、「俺、1切れ食いてぇ！」とわがままを言ったことがあった。すると母ちゃんに、「体に毒だよ」と言われた。当時のシャケの切り身は塩気が強く、塩分のことがあり1人1切れにはしなかったのかもしれないが、やはり貧乏だったからだろう。

ただ、飯を食えなかった経験はなかった。母ちゃんの料理はあくまでも庶民的な家庭料理で、アボカドなどの当時珍しかった野菜を使った料理や、エスニックなどの外国料理が食卓に並ぶことはなかった。いわゆる〝おふくろの味〟だったわけだ。そのため、俺は今でもこじゃれた料理は苦手だ。

大人になり、改めて「なんでうちはシャケ1切れだったんだ？」と母ちゃんに聞いたことがあったが、母ちゃんは「節約してたんだ」と言った。節約している中でも、俺と弟にはいつもきれいな服を着せてくれていた。母ちゃんは若い頃からかなりの節

左から弟5歳、父ちゃん37歳、俺7歳

約家だったのだ。

家族を大事にする母ちゃんは、「父ちゃんは一生懸命頑張ってくれて、本当にありがたいんだよ」と、いつも言っていた。もちろん、母ちゃんも父ちゃんを支えて仕事を手伝っていたのである。

父ちゃんは異次元スーパーヒーロー

シタラ興産の前身「有限会社設楽商会」は、父ちゃんの力でゼロから起ち上げた会社だった。創業時、父ちゃんは1人で仕事をしていた。俺が小学校に上がる頃には、2人の従業員を雇い、母ちゃんも手伝って4人で仕事をしていた。

父ちゃんはほとんど家にいなかった。朝早く、夜明けとともに借家を出て、夜は9時、10時頃に帰宅した。俺は父ちゃんによく自宅のお風呂に入れてもらった記憶がある。当時住んでいた借家は2部屋しかなく、食べる部屋と寝る部屋に分かれていた。夜は布団を敷いて4人が川の字に並んで寝ていた。

あまり詳しくは知らないが、母ちゃんは父ちゃんよりも8歳も若く、深谷で出会ったらしい。母ちゃんは結婚する頃には、「父ちゃんは雇われて給料をもらう生活をするよりも、1人で事業を起こして成功する男だ」「頑張れば、絶対に成功できる男なんだから」と思っていたという。「このままで人生が終わる人じゃないよ」と、よく父ちゃんに話していたそうだ。

母ちゃんは父ちゃんに「私も手伝うからね」と2人で廃品回収の仕事を始めた。廃品回収の仕事をしながら、父ちゃんはとある自動車の解体業の会社で社員としても働き始めた。この会社は今でもお世話になっているが、そこで解体方法を覚えたようだ。

この職場で、父ちゃんは1つの発見をした。解体をするときに大量のゴミが出ることだ。自動車の解体方法を学んでいた父ちゃんだが、解体時に出るゴミのほうに着目

「(有)設楽商会」時代の写真　中央が父ちゃん

し、次第に廃品回収業から廃棄物処理業へとシフトしていったそうだ。

母ちゃんから聞いた話だが、有限会社設楽商会は、現在のサンライズＦＵＫＡＹＡ工場の近くで、３００坪もない土地を使って作業していたという。地面は泥だらけ、ぬかるみもある中に、コンテナハウスが１つあり、そこで父ちゃんと母ちゃん、数人の社員で作業していたのである。

俺はまだ小さかったので、当時の記憶はあまりないが、自動車をハンマーで解体する父ちゃんの姿は映像としてしっかり残っている。暑いので、上半身は裸となり、汗だくになりながらハンマーを使って自動車

（株）シタラ興産設立祝賀会　父ちゃんと母ちゃんが檀上に　1977（昭和52）年頃

を解体していた。

父ちゃんは見るからに力強く、誰にも負けない気迫があった。当時は30代前半で、若くて、強くて、優しさもあった。父ちゃんは、俺の中では〝鉄人〟と呼ぶにふさわしい異次元スーパーヒーローだったのだ。この思いは今も変わっていない。

子どものときから俺は純粋に父ちゃんを尊敬していた。だからこそ、異次元スーパーヒーローと思っていた父ちゃんが病気になって倒れたときには本当に驚いた。この話はまた後で詳しく書こうと思う。

「自分は父ちゃんのようにはなれないかもしれない」、俺は幼い頃からそう感じていた。だから、「父ちゃんを真似したい」とか、「父ちゃんみたいになりたい」と思ったことはなかった。ただし、小学4年生の終わりに、「将来の夢」という作文のテーマで、「父ちゃんみたいにゴミ屋になりたい」と俺は書いていた。

当時は、父ちゃんの後を継ぐというよりも、「誰かが継がないと」という意識だったような気がする。

赤レンジャーはマクドナルドに入ったことがない

俺はガキ大将としてすくすくと育った。小学校に上がる前には、近所のガキんちょを集めて、「レンジャーごっこ」をしていた。

「レンジャーごっこ」では一番強いヤツが赤レンジャーになれる。当然、俺が赤レンジャーになった。2歳年下の弟・賢太は少し控えめな性格で、あまり人気のない「イエローでいいよ」「ブルーでもいいよ」と言っていた。

借家は古い家だったので、汲み取り式のボットン便所だったわけだが、その便所を賢太は怖がった。自分の家のトイレに行くのを嫌がり、夜の間は我慢して朝10時に近所のデパートが開店するのを待ってトイレに行くほどだった。賢太はそれほどデリケートなところがあった。

持って生まれた性格に加え、幼い頃からの母ちゃんの教えも弟には影響していたと思う。母ちゃんは賢太に、「お前は、お兄ちゃんより一歩引きなさい」と教育してきたのである。母ちゃんは年功序列にはうるさい大人だった。

賢太は現在、シタラ興産で働いているが、俺とぶつかることは決してない。よく社長の子どもが兄弟で会社に入ると、争い事を引き起こしがちになると言われるが、シタラ興産の場合は例外である。

父ちゃんが仕事で家にいなかったので、母ちゃんが俺たち兄弟とよく遊んでくれた。サッカーを教えてくれたり、自宅前の道でバドミントンを楽しんだり、母ちゃんは精いっぱい時間が許す限り、俺たちと遊び、愛してくれていた。

幼い頃からわんぱくだった俺はよく近所の子とケンカをして、泣かせたり、ケガをさせたりしたが、そのたびに母ちゃんが謝りに行ってくれた。今思うと、母ちゃんは父ちゃんと同じくらい忙しい毎日だったと思う。父ちゃんの仕事を手伝いながら、家事と育児も1人で担って、俺はいつも感謝の気持ちでいっぱいになる。

幼稚園や小学校に通うようになると、同級生の友達が食べている料理を知らなかったことが頻繁にあった。グラタン、ドリアなど、聞いたことも食べたこともなかった。だからと言って不満はなかった。母ちゃんがつくってくれた料理で、十分満足していたからだ。

子どもの頃から外食にあまり慣れていなかったこともあり、今でも外食は苦手だ。ただし、学校給食はとても美味しかった記憶がある。家では食べたことがないものばかりだったからだ。

そう言えば、俺たち兄弟は幼い頃、マクドナルドに行ったことがなかった。「ハンバーガーって、何?」という未体験ゾーンだった。マクドナルドのポテトフライは食べたことがなかったが、母ちゃんがつくってくれたポテトフライは本当にうまかった。

父ちゃんが会社を起ち上げた頃で、「お金がなかったのだろうな」と思う。当時の俺の家には物がなかったが、十分に幸せだった。無口の父ちゃんがいて、母ちゃんのおしゃべりが家族を賑やかにし、家族をまとめてくれた。

「父ちゃんは頑張っているんだよ」といつも教えてくれた母ちゃん。家族が寄り添って生きている、その温かさに俺は生かされたと思う。貧乏だったけれど、家族愛あふれる家庭で育ったことが俺の一番の自慢だ。

ブラジルへ1カ月、いきなりのサッカー留学⁉

少年時代の俺は、サッカーに明け暮れていた。特に中学生になってからは熱中度合いが半端なかったが、選手として突き抜けた成長は見られなかった。

中学2年生になったばかりの4月の朝に、父ちゃんから強烈な一言を食らった。

「竜也、今年の夏休み、ブラジルに行って来い」

目覚めると腕組みをした父ちゃんが枕元に立っていた。あまりに突然のことで驚いた俺だが、父ちゃんの大きな声と迫力に圧倒されて、俺はよくわからないまま「うん」と答えていた。

サッカーの試合の応援に来たこともない父ちゃんだったので、なぜ突然「ブラジルに行け」という命令が下されたのか、いまだに謎である。しかし、俺が中学生になるていた。

と、父ちゃんの会社の業績も少しずつ上向きになり、そんな贅沢が許されるようになっ

「I have a pen.」ほどの英語力しかなかった俺が、1994（平成6）年8月に、たった1人のブラジル行きを決行した。いきなりブラジルに向かうのではなく、まずはロサンゼルスに向かった。国際線はもちろん、国内線の旅客機にも乗ったことがなかった俺だった。

ロサンゼルスからヴァリグ・ブラジル航空（当時）に搭乗して、リオデジャネイロに降り立った。その日から俺は、サンパウロFCの下部組織、ジュニア世代の少年たちが参加するアカデミーに1カ月間留学した。各地から集まったサッカー少年たちと、寝食をともにしたサッカー漬けの毎日を過ごしたのだ。

当時の俺は背が低く、細身で、今でこそ日焼けした肌になっているが、もともとは真っ白い肌だった。見た目がかなり弱々しい感じで、自分で言うのは照れるが、いわゆるお坊ちゃん風のルックスだった。だから、なめられることが多かった。

風貌はお坊ちゃん風だが、気は強く、言うべきときにはハッキリ言う中学生だった。

サンパウロ FC アカデミー、サッカー留学

そのため、たびたびケンカになった。

サンパウロFCのアカデミーには、ブラジル人に混じり、さまざまな国の少年たちがいた。12歳から18歳の少年が総勢50人はいただろうと思う。日本人の同世代の少年たちも数人いた。これだけたくさんの少年が共同生活を送っていると、どうしてもケンカが起こりがちになる。血気盛んな年頃でもあり、男同士なので仕方がないことだろう。

アカデミーはAチームとBチームに分かれていた。Aチームは高学年で編成されたチームだったが、俺はまだ中学2年生だったにもかかわらず、Aチームに呼ばれて練習をしていた。すると、Bチームに配属になった大阪から来ていた中学3年生の日本人がやっかんできた。

その大阪から来た男子3人組が夜中に俺を呼び出し、そのリーダー格がいきなりぶん殴ってきた。俺は正直怖かったが、「2発目までは我慢しよう。3発目を食らったら、ボコボコにされるか、ボコボコにするかのどっちかだ」ととっさに判断した。

2発目を食らったところで3発目を食らわないために、俺は殴ってきたリーダー格の中学生に殴りかかっていった。結局、俺はその中学生を病院送りにしたのだ。これはもう負けられないと思ったため、残りの2人も夜中に部屋に押し入り、1人ずつ袋叩きにしてしまった。サッカーの練習よりも、こうしたケンカのほうが思い出に残っている。


「息子さんが大変なことをしでかした」と緊急連絡が母ちゃんに入った。俺はガードマンに羽交い締めにされ、警察署に連行された。言葉はよくわからなかったが、とても悪いことをしてしまったと俺は後から反省した。

父ちゃんからは、「やられたら絶対にやり返せ、負けて帰って来るな」と教えられていた。相手は3人だからといって負けられないと思ってやり返したのだ。

父ちゃんも母ちゃんも、俺が殴ってしまった3人の中学生に謝ろうと成田空港まで来てくれたことを覚えている。しかし、3人は大阪から来ていたので成田空港から乗り換えて伊丹空港へ行ってしまった。父ちゃんも母ちゃんも、待っていたが会えなかったわけだ。

大阪の少年たちはケガがひどく、家まで送るためについてきたサンパウロの通訳の方が、「しょうがないですよ。向こうには、私が事件の経緯をきちんと話すので大丈夫です」と言ってくれたので、この事件はそれで終わった。

ハンバーガーを喰らう俺、それを眺める少年たち

当時の俺は、サッカー選手としてどの程度の選手なのか、わからなかった。ただし、試合には頻繁に出させてもらっていた。自分では飛び抜けた才能はないと感じていたが、「このチームなら試合に出られる」とわりとクールに考えていた。

俺にとっては試合の勝ち負けよりも、試合に自分が出られるかどうか、点が取れる

かどうかのほうが大事だった。しかし、俺のこの考え方は父ちゃんから言わせると、「もっと必死になれ！」ということになるだろう。父ちゃんはもっと熱く、過激だった。「自分で切り開け、何でも自分でやるんだ」という考え方で、現状に満足せずに己の努力で成長し、一流の選手を目指せというものだった。

この考え方は、まさに父ちゃんの生きざまであり、父ちゃんが実践してきた考え方だった。だからこそ、父ちゃんの会社は少しずつ大きな会社へと成長を続けることができた。父ちゃんは己の考え方、生きざまを俺に伝えるために、「サンパウロFCのアカデミーに行ってこい」と言ったのだろうと思う。

サンパウロFCのアカデミーで、俺はある1つの気づきに出会った。サッカーの厳しさと楽しさを改めて体験するとともに、俺はこの気づきを一生忘れないと思った。

サッカーは、90分サッカーボールを追って走り続けるスポーツなので、1試合が終わるともものすごくお腹が空く。そのため試合が終わると、サンパウロFCの施設の中にあったハンバーガーショップに向かい、ハンバーガーを買って食べていた。俺は1カ月間、留学するにあたり、母ちゃんから多少の小遣いをもらっていたのである。

ところが、一緒に試合に出ていたブラジルの少年たちは試合終了後、誰1人として何も食べなかった。水は飲んでいるが、ハンバーガーを買う選手は1人もいなかったのだ。

水を飲みながら、ハンバーガーを食べている俺の姿を見て、食べたそうな顔をしていた。思わず、「ちょっと食うか?」と聞いたが、「いらねえよ」と断られてしまった。このとき、「この人たちは、もしかしたらすごく貧乏なんじゃないか?」と俺は感じた。自分はそんなに裕福だと思っていないが、世界にはもっと貧乏な人がいることに初めて気づいたのだ。俺は何の知識も持たずにブラジルへ行ったため、ブラジルの文化も生活の様子も、貧困層が少なくないことも何も知らなかった。

試合後にハンバーガーを買うことができない人たちがいる、その衝撃を受けて以来、俺は試合後にハンバーガーを食べないようにした。「一緒に戦った仲間なのに、自分だけハンバーガーを食べて悪かったな」という気持ちがあったからだ。今でもそのときの想いが俺の心の中に残っている。

喧嘩上等、初恋最高

Episode 02

スポーツ推薦・学費免除の特待生で高校進学

俺は幼い頃、親に対して罪作りな逸話をつくってしまった。母ちゃんから聞いた話なのだが、幼稚園のときに深谷市で一斉に行われた知能指数テストで、なんと俺が一番になったというのだ。たまたまその事実を知った母ちゃんは大喜びで、

「竜はすごい、深谷で一番なんて。東大を目指せるかもしれない」

と夢見てしまった。母ちゃんはその後も、この逸話に囚われていたようだ。

「竜はやればできるんだから、いい大学に行けたはずなのに」

と今でもときどきこぼしている。

しかし、母ちゃんの期待をよそに、中学時代の俺の成績は中の上。そんなに悪くもなく、だが決してよくもない成績だった。俺は地道に着実に勉強するタイプではなく、試験に備えて一夜漬けするタイプだった。だから、試験では何とか点数は取れていた。俺の美学として、頭が悪いのはカッコ悪いと思っていたのだ。

そんな美学を持った俺の高校進学だが、サッカー推薦で3校から誘いがあった。小学生の頃から頑張ってきたサッカーで選手として評価され、お誘いがあったのは素直に嬉しかった。

その1校の監督は、通っていた中学のサッカー部の試合をよく見に来てくれていた。その監督は俺が住む町内に住んでいたこともあり、その監督が率いるサッカー部にお世話になることにした。自宅の近所にある私立高校で、俺は学費免除の特待生だった。これで、父ちゃん、母ちゃんに学費支払いの苦労をかけずにすむと思った。

しかし、いざ高校生活が始まると、その学校はバイオレンスな世界一色の学び舎だったのだ。

本書では、学校名や先に触れた監督、教師の名前は伏せることにした。それほど凄まじい学校だったからで、監督、教師の方たちの名誉を守るためでもある。しかも、現在、この高校の普通科は東大京大、早慶、MARCHの合格者を多数出す進学実績を持ち、スポーツ科では全国大会で活躍する選手を多数輩出する文武両道の学校になっているからだ。

俺が入学した当時の全校生徒は約1500人、そのうち女子は普通科の30人くらいで、スポーツ科はゼロだった。ほぼ男子校状態の高校だったわけだ。スポーツ科の一部の教室は高校3年間を通じてずっと改装中で、俺は3年間プレハブ小屋の仮教室に通った。他の生徒はみんな普通の校舎に通っていた。今考えても、俺たちだけがプレハブ教室に通っていたのには納得がいかない。

生徒数が多かった時代で、1学年17クラスあった。俺は14組だったのだが、このクラスは40人全員がサッカー推薦で入学したクラスだった。隣の組は全員が野球部だったように、スポーツ科は部活ごとにクラスが分かれていた。

だから、クラスメイトではあるが、部活ではライバル同士。しかも、3年間クラス替えもなく同じメンバーのままなので、「全員が敵。なめられてはいけない」と、俺は入学早々から非常時態勢だった。最初はお互いに知らない者同士なので、ちょっとのことですぐケンカが始まった。誰が一番強いのか、序列を決めるためのケンカが毎日行われたのだ。

バイオレンス満載な高校生活

クラス内は毎日、戦いだった。まさに、クラスメイト戦国時代。序列が下になると、昼の弁当を買いに行かされるパシリにされてしまう。だから全員が懸命に戦っていた。俺自身、中学校時代は威張っていた〝竜ちゃん〟である。それが、地元の私立高校へ通い出したら、パシリになっているなどと噂が立ったら、俺のメンツは丸潰れだ。俺もまた必死に戦ったのだ。

クラスメイトだけが敵ではない。他のクラスの生徒、上級生もまた敵である。少しでも目立つと、「なんだ、お前。こっち来い」と先輩から呼ばれ、殴られる。廊下で先輩と目が合えば、「なんだ、コラ」と因縁をつけられてはまた殴られる。当時は1発、

2発のレベルではなく、10発、20発とボコボコに殴られるのが当たり前だった。「イテー！」などと悲鳴を上げると、「まだ声が出るのか」と言われてまた殴られた。

ところが、最も怖い敵は生徒ではなく、教師だった。この高校では、教師による暴力は日常茶飯事だった。この高校はスポーツに力を入れていたが、入学する生徒には不良や地元のワルも数多くいたからだ。

教師の言うことを聞かず暴れる生徒を、教師はすぐぶっ飛ばした。教室の入口でだべっていると、「邪魔だ、コノヤロー！」と蹴りが飛んでくる。教科に限らず、ほとんどの教師が武闘派だったのだ。教師は歯向かう生徒に容赦しない姿勢で暴力を貫いた。そんなバイオレンス満載な高校に、俺は何も知らずに入学してしまったのだ。

教師に殴られないようにするために、勉強するよりも逃げる方法や受身の取り方といった自己防衛の方法を学び、実践した。「どうしたら先生に殴られないか」「どうやったらかわせるか」、そんなことばかりに必死になっていたのだ。

授業はもちろん成立していなかった。寝ている生徒、ゲームをする生徒、音楽を聴いている生徒などなど。教科書とノートを開き、まじめに勉強する生徒はほとんどいなかった。

高校1年の英語の授業にも驚いた。「I have a pen.」からまた始まるのだ。中学1年レベルの内容からやり直しである。「お前らそんなに勉強できねえのかよ！」と驚愕した。なかには、「お前、自分の名前の漢字、間違っている！」と指摘されるクラスメイトまでいた。前にも話したが、俺は中学時代の成績は中の上だったが、この高校に入学するとトップクラスの成績になってしまった。


授業中は、俺も当然勉強どころではなく、ひたすらに寝て体力回復、温存につとめた。寝ながら、「よくもやりやがって、どうやってアイツに仕返ししてやろうか」と、自分を殴った相手への仕返しの方法ばかり考えていた。

周りのクラスメイトもそれぞれ同じように過ごしていて、授業中に急にケンカを始めることもあった。授業中に奇襲をかけたのである。ケンカが始まっても、誰も止めたりはしない。加勢することもない。それぞれがそれぞれに倒すべき相手がいて、「アイツのケンカは、俺には関係ない」と自分の敵に集中して過ごしていた。

毎日が必死で、ケンカには絶対に勝つ。やられてもやり返して勝たなければ、3年間生きてはいけない。そんな日常だった。

今でも、高校時代の友人たちが集まると、笑い話のように当時を振り返る。「実は俺もそんなに強い人間じゃないけど、序列だけは下がりたくなかった」と、本音を言い合い盛り上がる。俺も親には殴られたことは絶対に言わなかった。心配をかけたくなかったからだ。どれだけボコボコに殴られて帰っても、「ちょっと転んだだけだから」と嘘をついていた。連日殴られていても、「転んだ」の一点張りだった。

他校に通っている中学の同級生たちを見ると、楽しそうに高校に通っているのが羨ましかった。できれば俺も同じように、ほんわかと高校生活を送りたかったが、その真逆の中で俺たちは生きていた。

毎日がバイオレンスな学校生活だったので、「あと何年何カ月何日で卒業できる」と、俺は毎晩毎晩、風呂場で指折り数えていた。

スポーツ推薦特待生の俺が部活をしない理由

当時、父ちゃんは仕事一筋、俺は喧嘩一途だった。毎日、学校へ行くので精いっぱいで、「今日はぶっ飛ばされたくない」「何とか1日終わればいい」と考えて、サッカーも二の次だった。ましてや、「彼女をつくろう」などと考える余裕は微塵もなかった。

クラスが喧嘩活動満開だったので、俺をはじめ1年生は部活などできる状態ではなかった。だから、高校2年になるまでサッカーの練習はまったくできなかったのだ。サッカー推薦で入学した手前、コーチからは「何やってんだ!」とよく怒られた。

このコーチは当時24歳で、全国高校サッカー選手権に出場経験のあるコーチだった。根性が座っていて、部員にやたらと鉄拳を食らわせた。その鉄拳はパーではなく、グーだった。しかも、何発も殴った。

気を失うまで殴られたこともあった。殴られて立てなくなると、引きずられて体育教官室に連れて行かれた。そして、他の教師からもまた「何したんだ、この野郎」と殴られた。一通り殴られると、筋トレルームに運ばれ、転がされる。そこでぶっ倒れて気を失うことがよくあった。筋トレルームはそんな生徒が何人も転がっていた。

俺が通った高校のサッカー部は、埼玉県でベスト8になるぐらいの力があった。ただ、当時の俺は全国高校サッカー選手権を見るのがとても楽しみだった。俺も高校生でサッカー部、その地方大会に出場している県内有力校のチームだったが、選手権を見て他校を応援していたのだ。

当時、「全国大会に出たい！」という意欲が、俺にはまったくなかった。全国大会選手権は別次元の世界だった。予選の地方大会に出場するのは好きだが、全国大会に出たい気持ちはなかったのである。

あの当時、「全国大会に出たい」「優勝を目指す」と少しでも思って練習に取り組んでいれば、チャンスは確実にあった。しかし、俺だけでなく、サッカー部の部員の多くがそんなことを考えていなかったのだ。

それでは、高校生活すべてがマイナスかというとそうでもない。これだけハードな高校生活を送ってきたことで、メンタルは相当鍛えられた。ちょっとやそっとのこと

修学旅行・俺の友達と（左から２人目が俺）

では動じないメンタルになったのだ。

たとえば、怒鳴られただけではびくともしない。相手が激怒していても、「もし頭に来るのであれば、ぶっ飛ばしてもらっていいですよ」と平気で言える。頭に来たことをグチグチと言われ続けるよりも、正直な話、10発ぐらいなら殴ってもらったほうがいいとさえ思っている。3年間毎日、ケンカばかりだったからこそ言える荒業である。もちろん、「殴ったらそれで終わりにしてください」と相手には伝えている。

メンタルを鍛えられたことで、俺を含めて同窓生には事業を起こしている人間が多い。先輩もそうだ。皆たくましく成長したのである。

俺のクラスは3年間で、40人から26人に

「早く卒業したい」という気持ちは入学した当初からの強い願望だったが、「卒業後どうするか」についてはまったく考えていなかった。高校3年3学期の卒業間際になるまで考えていなかったのだ。やはり、俺はバカだ。

年が明けて3学期が始まると、俺たちは進路の決定を迫られた。俺が通っていた高校は当時、進学校とはほど遠い高校だったので、大学へ進学、専門学校へ進学、そして就職の3択のうち多くの生徒は進学せず、卒業と同時に働き始めた。

ちなみに、入学当初、俺のクラスには40人の生徒がいたが、その後14人が中退し、卒業時には26人に減っていた。1クラスで14人の中退者が出るのは、普通の高校では考えられない人数である。サッカー推薦のクラスなので、退部したら即退学になった。14人の中退者のうち2人がそれだった。あとの12人は自主退学である。それくらい、俺が通った高校を卒業することは、かなりハードルの高いことだったのだ。

俺自身、何度も学校を辞めたいと思った。殴られてばかりの学校生活、辞めたいと思うほうが自然だ。それでも辞めなかったのは、母ちゃんを悲しませたくない一心か

らだった。

母ちゃんは、試合のたびに応援に来た。だから、何としても試合に出たいと思い、そのために練習も必死にした。その練習だが、まずは校舎とグラウンドを往復3キロ、ダッシュで走らされた。そのうえで20キロ走らされるのは当たり前だった。

夏休みは1日だけで、あとはずっと練習の毎日。しんどくなってくると10キロ地点で隠れ、みんなが帰ってくるときにこっそり合流して走るなど、手を抜く方法を実践した。そんなチームだから試合で勝とうとしても絶対に勝てなかった。

全力で努力しない人間が勝てるわけがない。それは大人になってハッキリとわかった。もし、高校時代にしっかり練習をしていたら、このチームメンバーを思えば、それなりの成績をおさめられたはずだ。

中学時代に全国大会で優勝したメンバーもいたのだから、無理ではなかっただろう。それだけすごいメンバーが集まっていたので、もっと真剣に練習し、真剣にサッカーに取り組めば、全国優勝も夢ではなかった。

それができなかったのは、学校の教育方針の問題、俺たち自身の不甲斐なさの問題があった。日々の学校生活での暴力に関心が流れていた。県北部での強豪校だったが、県南部にはもっと頭がよくてサッカーが強い学校が何校かあった。だから、「勝てるわけがない」となかば諦めていたのだ。

どこか不完全燃焼だった俺の高校生活。そんな想いが心の奥底に沈殿していた。担任教師からは、「進学したらどうだ。この学校の附属大学に推薦入学できるぞ」とアドバイスをもらった。俺はこの高校では成績もよく、学級委員もしていたので、推薦入学ができるというのである。しかし、その話を聞いた俺は素直に喜べなかった。俺は怒りながら、担任に食ってかかった。

「ふざけんじゃねえ、こんなに暴力を受けて、これからまた大学4年間も暴力を食らうのか」

担任は「そうだ」と答えた。当たり前のように「そうだ」と答えた担任を、俺は睨んだ。「この担任を殴ってしまおうか」とまで思った。「今度は金を取るのか？」と聞くと、「もちろん学費は払ってもらう」と言われた。

毎日殴られ続けた高校生活がようやく終わろうとしているのに、そのまま附属の大学に進学したら、今度は4年間殴られ続ける大学生活が始まる。しかも、高校では免除された学費を払わなければいけない。

俺は握りこぶしで机を叩いて高らかに宣言した。

「ふざけんじゃねえ！　俺はこんな学校を早く卒業して、まったく違うところに行く！」

高校3年間で、俺はケンカに勝つためのメンタルを徹底的に鍛えた。どうしても負けたくないので、どうやって勝つか、一生懸命その方法を考え続けた。

当時は怖いものはなかった。自分1人なので、殴られてもそれですんだ。現在、経営をする立場になると、借金が非常に怖いと思っている。しかし、高校時代のケンカの大変さに比べたら、まだ楽だと感じている自分もいる。

卒業後、俺は殴った人に頭を下げた

俺は小さい頃から「父ちゃんのように男らしくありたい」と思って生きてきた。高校卒業後、俺は都内の専門学校に通うことになるのだが、その話は次の小見出しで話す。

ここでは、高校時代のバイオレンスな生活への俺なりの後始末について話したい。後始末とは、高校時代に殴った先輩、後輩、同級生に、卒業後に謝りに行ったことだ。「あのときは悪かった、申し訳ない」と謝罪したのである。20代前半から30代前半と長い時間をかけて、5人に謝罪し、俺的なけじめとした。

たとえば、サッカー部の後輩には、試合後、スパイクで殴ったことを謝りに行った。当時、フォワードだった俺は、試合前に監督から「3点取って来い」と言われた。監督からの指示は絶対で、3点取らないと試合後に俺はボコボコに殴られるか、グラウンドを夜まで走らされるか、レギュラーを外されたりする可能性が高かった。

「3点を取らなければ」と思い詰めた俺は、試合前半に2点を取ることができた。あと1点を何としても、と思った俺は、ハーフタイムに後輩をトイレに呼び出した。

「お前ふざけるな。あと1点取らなければ、俺がどうなるかわかってんだろ！　後半は絶対にパスを出せよ！」

俺は怒鳴りながら、自分のスパイクで後輩の頭を叩いた。しかも、この後輩のおかげで前半に2点を取ることができたにもかかわらず、だ。俺の言っていることは、まったくもって無茶苦茶なのだが、当時は自分のことに必死すぎて周りが見えなくなっていた。

「悪いことをしたな」とその後輩に謝罪した。後輩は、「設楽さん、大丈夫ですよ」と言ってくれたが、俺の殴った行為が消えるわけではなかった。謝罪を受け入れてくれた後輩には今も感謝している。

なぜ、謝罪に行こうとしたのかというと、少し先の話になるのだが、専門学校卒業後、地元で生きていくことに決めた俺は、これまで迷惑をかけた人たちに謝りたい気持ちが自然と湧き起こったからである。

謝罪相手と友人同士でつながりがあると聞けば、まず電話で謝らせてほしいと連絡を入れる。「できれば会って謝りたい。許してくれるかどうかは別として謝らせてほしい」と頼み、実際に会って謝罪するようにした。もちろん、迷惑をかけた全員に謝れたわけではないが、可能な限りは謝罪をした。自分なりのけじめのつけ方だと思っている。

「俺、東京の専門学校に行きたい！」

根っから人と接することが好きだった俺はホテルマンに憧れた。サッカー部の合宿や家族旅行などで、ホテルにたまに泊まるのが大好きだった。綺麗なホテルで過ごしていると、心身ともにリラックスできて心が楽しくなった。

いつしか、ホテルマンをカッコいいと思うようになった。小学生ぐらいの頃からだろう。当時はまだ幼かったので、表向きのカッコよさに憧れたが、中学、高校生になると実際は苛酷な一面もあるだろうとも思うようになった。それでも憧れの気持ちは変わらなかった。

俺は卒業後の進路を、ホテル科のある専門学校へ行こうと決めた。将来、ホテルに就職するためである。同じクラスで一緒にバカやってきた友人から、「卒業後はどうするんだ」と問われたときに、

「自宅近くの専門学校に通おうと思う。その学校にはホテル科があるから」

と答えた。すると、その友人は、

「なんで地元なんだ。お前、バカじゃねえのか、もっと広い世界に行かないのか？

東京の専門学校を目指さないのか？　東京の専門学校のほうがレベル高いぞ。ホテルに対する視野ももっと広がるじゃねえか」

と言ったのだ。単純な俺は、「なんだこいつ、すげえ！」と感心し、そのアドバイスを真正面から受け止めた。俺はそれまで、地元の深谷を出ることを考えたこともなかった。俺の心の中で、「東京へ行く」という決意に変わった。そう決意すると、俺の気持ちはドキドキ、ワクワクがいっぱいになった。

「母ちゃん、俺、東京の専門学校に行ってみたいんだけど」

その日のうちに、母ちゃんに話した。父ちゃんにも話してみると、「行って来い」の一つ返事だった。

父ちゃんは「行って来い」の一言の後で、「で、何をするんだ？」と聞いてきた。

「俺はホテル科に行きたい」と伝えた。俺は間もなくして、自ら進んで東京の専門学校の見学に行った。学校の雰囲気はよかったし、高校のような暴力が絶対になさそうな学校だった。

その学校は、御茶ノ水駅にほど近い「東京商科学院」である。学校見学の話を母ちゃん、父ちゃんにすると、2人とも「どういう学校なのか、私たちも見ておきたい」と言うので、一緒にまた見学に行った。

その学校には経営マネジメント学科という学科もあり、父ちゃんはその学科に釘付けになると、「お前、この学科にしろ。この学科じゃないと学費は出さない」と言い出した。

「俺はホテルマンになるんだ。経営マネジメント学科なんか嫌だよ」とかなり抵抗したが、父ちゃんは許さなかった。当時の俺は、自分で考えた道に進みたいとの願望が強く、父ちゃんの会社の後を継ごうとは思っていなかった。


俺が父ちゃんの会社の後を継ごうと思わなかった理由は、高校3年の秋から父ちゃんの会社でアルバイトをしたことにある。高校3年の秋になると部活を引退したので夕方から手伝った。有限会社設楽商会は、株式会社シタラ興産に変わっていた。

産廃処理業の仕事は汚かったり、異臭があることも知っていた。しかし、その分、時給はよかった。普段は本当に優しい父ちゃんだったが、仕事になると別人のようにおっかない父ちゃんになっていた。まるで鬼軍曹のように怒り、従業員に次から次へと指示を出していたのだ。毅然とした父ちゃんは見たことがあるが、怒っている父ちゃんを見たのは初めてだった。

このアルバイトを通じて、「これは父ちゃんの仕事だ。父ちゃんのことは尊敬しているが、自分が後を継ぐのは少し違う気がする」と思った。そんな気持ちだったので、なおさらホテル科に行きたかった俺と、経営マネジメント学科に行かせたい父ちゃんとの間でしばらく揉めることになった。

崖っぷち1年で、全単位を取得して無事卒業

だが結局は、父ちゃんに逆らえなかった。「別に経営マネジメント学科を出て、ホテルマンにはなれないかもしれないけれど、その後の就職は自分で決められるだろう」と割り切り、経営マネジメント学科に進学することを決意したのだ。

俺の判断に、父ちゃんはすごく喜んでくれた。経営マネジメント学科専攻で押し切られた俺だが、父ちゃんの喜ぶ顔を見られたことはすごく嬉しかった。

「東京暮らしを楽しみたい」という気持ちが強かった俺は、下宿探しを急いだ。俺は母ちゃんと上野で行き当たりばったりで入った不動産屋の2件目の物件で決めてしまった。下宿を決めた町は、荒川区町屋。地下鉄千代田線と都電荒川線が走る下町風情にあふれる土地だった。千代田線の町屋駅から徒歩10分にあった賃貸マンションで一人暮らしをすることになった。

30㎡を超える広さで、家賃8万円。3月下旬に、深谷の自宅から引っ越した。自炊などしたことがなかった俺だったので、完全外食生活だった。カラオケ店でバイトもすることにした。

4月初旬に目白にある椿山荘で入学式があった。高校時代の知り合いたちと離れることができてホッとした。俺は新たにやり直す気持ちで新生活を始めた。ただ、経営マネジメント学科にはまったく興味関心のない俺なので、4月中旬、講義が始まっても、俺の心はいっこうに弾まなかった。

そのため、1年のときはまったく勉強しなかった。1年で取れる単位は80単位だったが、俺は結局、取得単位数は0。クラスメイト80人の中で一番成績が悪かった。学校には通っていたが、授業中は高校時代同様で寝てばかり。あとの時間は友達と遊ん

専門学校時代の俺　1999（平成11）年頃　アメリカ・ロサンゼルスにて

で過ごした。

俺の専門学校1年目は惨憺（さんたん）たる状況で、1年の終わりに両親が学校に呼び出された。このままでは2年になっても卒業できないからだ。卒業できないとなると、親にお金を出してもらっている手前さすがにまずいと思った。

自分は高校でも成績がよかったし、中学でもそれなりに勉強ができたので、「卒業はできるだろう」と高を括っていた。「単位なんてどうにでもなるだろう、2年になったら取れるだろう」と思い込んでいたのである。

父ちゃんは1年間まったく単位を取らなかったことを怒らなかった。何も言わずに深谷に帰って行った。俺は母ちゃんに、「学費、いくら払ってる？　入学金はいくら？」と尋ねたが、最初はなかなか教えてくれなかった。

しかし、何度も聞くと、母ちゃんは「１００万円以上払っている」と言った。この額を聞いて、俺は心底、「申し訳ないことをした。ちゃんとしないとダメだ」と思った。それから1年、必死に勉強し、すべての単位を取って無事に卒業することができた。

初恋は、突然に!!

東京商科学院に通い始めて2週間後に、俺は彼女ができた。電撃的な速攻アタックを決めたからだ。

ホテル科にはたくさんの女子がいたが、経営マネジメント学科には80人の学生のうち女子は8人だけだった。俺は専門学校の学生になったら、「彼女、ほしいな。付き合いたいな」と素直に考えていた。高校時代は自分を守ることで精いっぱいだったので、女性と付き合う経験などなかったからだ。

人数は少ないが、8人の女子の中にショートヘアで、俺が「可愛いな」と思った子がいた。入学式を終え、講義が開始されてすぐの頃に、担任の安田先生がクラス全員80人を連れて歓迎会を開いてくれた。歓迎会は学校近くの飲食店で、安田先生の音頭で「2年間頑張ろう!」と乾杯した。

乾杯の後、俺は可愛いと思っていた子の隣に座った。話すチャンスだと思ったのだ。今で言う肉食系男子だった俺は、隣に座るとすぐに話しかけた。

「何ちゃんって言うの?」「そうか、福田アヤちゃんって言うんだ、俺は設楽竜也。よろしくね」と自己紹介を終えると、「もうすぐお店出ようよ。よかったら俺と一緒に飯行かない?」と誘った。歓迎会が始まったばかりだったので、当然、彼女からは断られた。

「友達もいるから嫌だ」と言われたが、俺は諦めない。何度も「行こうよ」と声をかけ、「やめてよ」と恥ずかしがる彼女だったが、最後は手をつないで「行くぞ」と言うと、「じゃあ、わかった」と言ってくれた。

俺は安田先生に、「ちょっと彼女と飯に行きます。失礼します」と挨拶し、連れ出したのだ。クラスメイトの多くの男子が見ていたが、全然気にしなかった。ある意味、そういうところは鈍感なのだ。

その後、彼女と一緒に「後楽園ゆうえんち」の方向に歩いて行き、その近くでご飯を食べた。歓迎会が終わりそうな時間になると、都営三田線の水道橋駅まで送った。彼女は東林間に住んでいると言った。

水道橋駅に着くと俺は、

「アヤちゃん、今日初めて話をしたけど、俺、君を好きになったんだ。俺と付き合ってくれ」

と告白した。驚いた彼女は、「お互い、全然どんな人間かわかんないじゃん」と断ったが、俺は、

「アヤちゃんのこと、俺は何も知らない。でも、合わなきゃ合わないと言ってくれ。直すつもりもないから、そのときに終わりにすればいい」

と、熱く叫んだ。そんな会話のやり取りに、アヤちゃんは驚いていたが、「まあいいか、いいよ」と言ってくれた。こうして出会いから3時間で、俺たちは付き合うことになったのだ。

俺の、強引マイウェイ

俺は生まれて初めて幸せを実感した。幸せの実感とは言葉で表現できない気持ちなんだと知った。

ところが、その翌日、大事件が起こった。学校に行くと、授業中、アヤちゃんから手紙を渡された。「今絶対読まないで、帰ってから読んで」と小声で言われ、「もうラブレターかよ、可愛いな」と嬉しくなった俺は、すぐに読んでしまった。

「昨日はノリでああ言ったけど、付き合うのは無理。実は私、彼氏がいます」

「私、彼氏がいます」の文面を読んだ俺は、連続で20発殴られたようなショックを受けた。俺は、「先生、具合悪いんで帰ります」と言って下宿に帰ってしまった。俺はそのとき、アヤちゃんのことを大好きになっていたのだ。

町屋の下宿に帰って、午後3時過ぎ。部屋で1人悶々とした想いを抱いていたが、

「やっぱり俺は大好きだ。会いてえ！」と思った。

「明日まで待てねえ！ ダメならダメ、よいならよいと今日中に決着つける。あんな手紙じゃ終われねえ。東林間まで会いに行く！」

しかし、今のようにスマホがあるわけでもなく、埼玉の深谷から出て来たばかりの俺は、東林間がどこにあるのか、まったくわからなかった。そこで、地図帳を引っ張り出し、場所を確かめてから、千代田線町屋駅の駅員さんに東林間までの行き方を尋ねた。そのあまりの遠さに愕然としたが、そんなことで挫けてはいられない。俺は、電車に飛び乗った。

各駅停車で3時間、東林間に到着した。俺は特急があることを知らなかったのだ。時間はすでに夜の8時になろうとしていた。それからセブンイレブンを探し始めた。彼女の家はセブンイレブンのオーナーをしていると聞いていたのだ。

スマホで検索ができない時代である。駅にいた人に、「セブンイレブン、近くにありませんか?」と尋ねて、教えてもらった店に向かった。店に着くと店員の名札を見る。それから、「すみません、この店は福田さんがオーナーのセブンイレブンですか?」と尋ねた。

「違う」と言われると、「あと他にセブンイレブンって、どこにありますか?」と別のセブンイレブンを教えてもらうことを繰り返し、6軒目。ついに、彼女の家のセブンイレブンを発見した。すでに夜10時をまわっていた。

「はい、うちが福田ですよ」と答えたのは、彼女のお母さんだった。「何かありました?」と聞かれたので、「いや、大丈夫です、すみません」と答え、ジュースを買って店を出た。そして、携帯電話で彼女に連絡を入れた。

「アヤちゃん、俺だよ。今、お前の家の前にいるんだ。ちょっと来てくれねえか?どうしても会いたくて探して来たんだ。もう1回だけ話を聞いてくれ」

驚く彼女に経緯を説明し、外へ出て来てもらった。家の近所の神社へ行って、俺は彼女に気持ちをぶつけた。

「今日もらった手紙のことだけど、昨日の今日で、俺も諦めきれねえんだ。彼氏がいるって知らなかったし、俺も聞かなかったけど、いないと思ってたんだ。そんなヤツ、別れちまえ。俺のほうが絶対に幸せにする」

一気にそう話すと、俺は無理やり彼女とキスをした。勢いで体が勝手に動いた。「俺と付き合えよ、今すぐ電話して別れちまえよ」と伝えると、彼女も俺の強引さに負けたのか、本当にその彼氏に電話してくれた。

電話を代わってもらい、「悪いんだけど、今から俺が付き合うことになったんだ。もう金輪際、連絡しねえでやってくれ。こっちはこっちで仲良くするから、そっちはそっちでいい人を見つけてくれ」と伝えたら、「あっ、わかりました」とあっさり引いてくれた。

高校時代に鍛えられた武闘派の面が、声から伝わったのかもしれない。

「電話番号消しとけ」と言って電話を返した。

「俺はアヤちゃんが大好きだ。俺がアヤちゃんを大好きなうちは、アヤちゃんも俺のことが大好きだ」と改めて彼女に想いを伝えると、「意味わかんない」と言われたが、「意味がわかんなくてもいいんだ、俺がわかってるから」と答え、俺たちは無事付き合うことになった。

専門学校に通った2年間、仲良く付き合った。正直、彼女の性格がよかったのか、悪かったのか、よく覚えていない。「もうお前が好き」という感情だけだった。

彼女からは、「なんで私なの？　なんでそんなに強引にするの？」と聞かれたが、「全部好きだから、理屈じゃねえんだ」と答えたのを覚えている。勢いとパッションで始まったお付き合いではあったが、いい思い出として心に残っている。

俺の工場が燃えている!?

そんな働き方は嫌だ！

2年間通った東京商科学院の卒業が間近に迫っていた頃、俺は「これからどんな仕事をしようか」と考えあぐねていた。そんな俺を見透かしたように、父ちゃんは「お前の就職先はもう決まっているぞ。大丈夫だ」と突然言い出した。

その就職先とは、行政書士事務所だった。行政書士が何かもわからなかった俺は、「まだやりたいことも決まってないのに、行政書士事務所に就職するのは嫌だ！」と猛反発したが、父ちゃんは「いいから行け」と一言。

その強い言葉に逆らえず、俺は行政書士事務所に就職することになった。「どうせすぐ辞めることだってできるだろう。こんな仕事は一時的なものだ」と自分に言い聞かせて通うことにした。だが、仕事はまったく楽しくなかった。それまで聞いたこともない職業の事務所で仕事をしているのだから、当然と言えば当然だった。

働き始めて2週間、俺は父ちゃんの考えを自分なりに思い巡らした。父ちゃんは、自分の会社であるシタラ興産に俺を絶対入れようとしている。卒業してすぐにシタラ興産に入れると嫌になってしまうので、まずは違う会社に一度通わせて、ワンクッション置いてからシタラ興産に入れようと考えている、そうに違いない。

「だったら今から父ちゃんの会社で働いたほうが最短距離で行けて、無駄がないじゃないか」と思うようになった。「最短距離」とは、あえて遠回りして逃げても、結局は父ちゃんの会社で働くことになるのだから、それならば潔く入社しようと思ったのである。

そんなときに、衝撃の事実を知らされた。それは、父ちゃんに、俺の給料を聞いたときだ。

「俺の給料だけど、いくらもらえるのかな？　俺から先生に聞きにくいから、父ちゃんから聞いてくれねえか？　何も知らないで働くのは嫌だし」

と言うと、父ちゃんは「馬鹿野郎！　給料はシタラ興産から出るんだから、安心して働け。何も文句はねえだろ」と言い放ったのだ。

一瞬、父ちゃんの言っていることの意味がわからなかった。俺は行政書士事務所で働いているのに、その給料はシタラ興産から払われることになっているとは、どういうことだ。この話を聞いたとき、俺はすごく悲しかった。

事務所では、何もわからずイチから教わりながら仕事をしている俺の給料が、シタラ興産から払われている。俺はただお世話になっている身なのだと思うと、ショックでショックで、事務所に通うのがとても恥ずかしくなった。俺がすごくバカな人間に思えてきた。本当に悲しかった。

入社から1カ月後の2000（平成12）年5月、20歳の俺はシタラ興産に就職した。父ちゃんには、

「他の会社で働きながら、父ちゃんの会社から給料が払われるなんて、そんな扱いをされるなら、俺はシタラ興産に就職する。だけど、俺はシタラ興産の仕事が好きじゃない。だから、いつまで働くかわかんねえ。自分は給料もらうために働くからな」

と、俺はそんなことを話した。父ちゃんは一言、「わかったから、来い」と言ってくれた。こうして作業員としてシタラ興産で働き始めたが、まず思ったのはお金を稼ぐことの大変さだった。

父ちゃんは、家にいるときとは全然違った鬼軍曹に変わり、現場を指揮していた。当時の産業廃棄物処理業のお客様はお客様らしからぬイカつい格好で、とにかく怖そうな人ばかりだった。お客様にそういった人が多かったので、その相手をする父ちゃんもなめられてはいけないと、普段の優しい雰囲気を一切なくして、強面風にしていたのだ。

シタラ興産デビューは汗まみれ

俺はシタラ興産の社員になった。入社当時の作業員の仕事とは、回収してきた廃棄物を地面に広げ、その中から資源になるものを手で取り除く作業だった。

さまざまなものが混じっていた。まずプラスチックボックスを用意して、廃棄物の中から木くずだけを取り除き、ボックスの中に入れる。木くずが終わると、次は瓦礫と順番に取っていった。この作業を4～5人で行ったのである。

当時は作業場に屋根がなかったので、雨が降るとカッパを着て作業した。夏は日差しがきつかったが、日陰もなく猛暑の中、安全面から長袖のシャツを着用し、ヘルメットをかぶり、タオルを巻いて作業した。まだ熱中症という言葉が浸透していなかった時代だ。

とにかく作業員は、みんな水を大量に飲んだ。体力に自信がある人が多かったのか、倒れる人はいなかった。しかし、いつ誰が体調を崩して倒れてもおかしくない環境だった。

外で作業している俺たちに、小さい事務所から社長の父ちゃんが指示を出していた。窓を開けて、「あれを取れ、これは右に下ろせ、取ったものをあっちへ持って行け」など、大声で具体的な指示を出していた。

どんなに遠くにいても、拡声器などなくても、父ちゃんの声はハッキリと聞こえたから不思議だ。その指示を一瞬足りとも聞きもらさずに、言われた通りに動く。何を指示されたかを瞬時に察知してすぐに動くのだ。

もし聞き間違えたり、聞きもらしたりすると、「バカヤロー!」とさらに大声で怒鳴られた。息子の俺でも関係ない。ミスしたら本気で怒るのが、父ちゃんだった。

それを嫌だと思ったことは一度もない。自分もシタラ興産で働く社員の一員になったからだ。

1日7時間30分、広げたゴミから資源をつかみ出す作業を続けた。重機に乗れるようになってからは、作業がしやすいようにゴミを広げたり、フォークリフトに乗ってリサイクルできるものを運んだり、分け終わった廃棄物をトラックに積んだりすることが増えていった。

23歳のときに大型トラックの免許を取った。その翌日には会社にある大型トラックに乗ってお客様のところへ向かった。深谷から同じ埼玉県の入間まで1時間ほどかけて向かい、廃棄物を回収しに行った。

そこのコンテナが特殊な形をしていて、なかなかトラックに積めなかった。アームロール・コンテナを引っかけるアームロール車なのだが、それがうまくできずに1時間ほどガチャガチャとやっていたら、お客様から「早く持って行け」と怒られてしまった。

丸く囲った部分がアーム。アームロール・コンテナに写真のようにアームを引っかけてアームを前方に移動させ、コンテナをトラックに載せる

シタラ興産に入社して2年ほど経った頃の俺　2002（平成14）年頃

「すみません、実は俺、今日初めて来たので、できれば引っかけるところだけやってもらえませんか？」

そう頼んで引っかけるところはやってもらった。未熟者だった俺だ。

帰りにお客様の敷地の壁に車を3回もぶつけてしまい、後で謝りに行ったことを覚えている。

ぶつけた際には、「新人の俺を行かせた父ちゃんの判断ミスだ」と思ったので、謝らなかったのである。これが俺のトラックデビューだった。

重機を運転する俺

社長の父ちゃん以下全員平社員

シタラ興産の作業員として働き始めた俺だが、最初はゴミを手作業で分別していた。そのうちフォークリフト、クレーン玉かけなどの免許を次々と取得して、工場にある重機を運転するようになった。さまざまな乗り物を動かせるようになると、給料が上がるのである。

ただし、この仕事をずっと続けていくつもりは、当時の俺にはなかった。1年後なんかわからない。とにかく今できることをやっている、それだけだった。だから、仕事に対して一生懸命なのだが、どこか満たされない気分を抱えていた。

現在、シタラ興産を支えている常務取締役兼営業本部長の関根俊明は、俺が働き始めてから1年半後に入社した。その関根の入社から1年後に、今も活躍している取締役で技術管理本部長の宮下智則が入社した。この2人もこの仕事に就きたくて入社したわけではなく、この会社しかなかったからだ。その意味で、俺の入社動機に近い。

それから20年、俺たち3人はシタラ興産の仕事にやり甲斐と生き甲斐を見出し、会社の屋台骨を支える存在になった。


しかし、入社早々の俺たちは、シタラ興産の社長である父ちゃんから一つひとつ指示を受けて、動き回る存在だった。当時のシタラ興産は父ちゃんが指示を出す会社で、社長以下全員平社員の組織だった。

一応、部長などの役職はあったが、カタチだけでほとんどの仕事を父ちゃんが采配していた。小さな社長室があり、そこで経理関係の処理をし、手書きの請求書を発行したりした。さらに、父ちゃんは営業にも出向いていた。

仕事のことはすべて、毎日、父ちゃんに報告しに行く。俺はそのとき、父ちゃんが仕事に打ち込み、頑張る姿を何度も見てきた。その姿を見ながら、仕事を数年間続けていると、俺の気持ちが次第に変わってきた。

それまでの俺は給料ほしさの仕事だったが、父ちゃんの姿を見続けているうちに、「父ちゃんのために仕事を頑張ろう」と思うようになった。俺のため、会社のためではなく、父ちゃんのために頑張ろうと思ったのである。ただし、一生この仕事を続けようとはまだ思えなかった。

子会社システムアローの社長に就任する

22歳のとき、俺はシタラ興産の子会社・株式会社システムアローの社長になった。2001（平成13）年のことである。この会社は1996（平成8）年に父ちゃんが創業した子会社だった。

俺は驚いて、「俺、シタラ興産に勤めているんじゃないの?」と聞くと、「シタラ興産は今辞めろ。今日からお前はシステムアローに行くんだ。そこで、這い上がってこい」と言われた。

その頃の俺と言えば、シタラ興産を継ぐ気はまったくなく、「いきなり、子会社の社長をやれと言われても……」と不満たらたらだった。ただ、父ちゃんから「システムアローの社長になると、給料が上がるぞ」と言われると、あっさりと「わかった」と言ってしまう情けない男だった。

シタラ興産では給料が16万円だったが、システムアローの社長になると25万円になると言われた。サラリーマン生活で、給料が一気に9万円アップというのはなかなかないことだ。

父ちゃんは俺を鍛えるために、いきなり社長にしたのだろう。あえて経営者として苦労させ、俺を成長させようとしたのだと思う。父ちゃんには、そういう段取りがよいところが昔からあったと今なら強く感じる。

システムアローの社員は5人。そのうち2人は、今も働いてくれている宮下と、もう1人は定年を迎えても働いてくれていたベテラン社員だ。社長になった俺だが、父ちゃんからは「何を事業とするのかは自由だ」と言われた。シタラ興産からはトラック2台を用意してもらった。

まず、何をやるか考えることから始め、トラックを活用して廃棄物を集めることを決めた。宮下には事務所に残ってもらうことにして、俺とベテラン社員は営業に回った。俺たちは、パソコンでプリントアウトしたチラシを、県内の工場団地を1社ずつ回り、「廃棄物を集めているシステムアローです。よろしくお願いします」と声がけして配りまくった。

「いつ社長を辞めてもいい」と思っていたので、俺はゼロから始めたチラシ配りも、飛び込み営業もまったく苦にしなかった。このときの営業がきっかけで付き合いが始まり、今でも取引のあるお客様がいる。手探りで始めた新規開拓でお客様になっていただき、今でもひいきにしてもらっているのは、本当にありがたいことだ。

システムアローの社長になってから2年が過ぎた。俺は24歳になっていたが、仕事でイタリアへ行くことになった。ＩＦＡＴ（イファット）というヨーロッパ中の環境に関する機械類の展示会だった。

イタリアでは、マックプレス社に見学へ行った。この会社は圧縮機を扱っている会社だった。俺は、「システムアローでいつか圧縮するための工場をつくろう」と考えて

システムアロー社長時代、27歳頃の俺（前列左端から2人目）

いたのだ。まさに、チャンス到来だと思った。

では、どんなときに、圧縮機は必要になるのだろうか。お客様から集めた廃棄物のうちフワフワなガサがあるゴミ、たとえばプラスチック、紙くずなど軽量物の廃棄物をリサイクル工場に持って行くときに、圧縮する必要が出てくる。

しかし、当時のシタラ興産には圧縮機がなかったため、他社の工場に運んでいた。俺はシタラ興産でも圧縮機を導入し、効率を上げたいと思った。

そのリサイクル工場はかなり厳しいところで、俺が廃棄物を運んで行くと、その会社の後継者に「あれはダメ、これもダメ」

システムアロー社長時代、イタリア視察。右は機械輸入会社の岡市さん

といつも文句を言われた。そこで俺が、「このぐらい、いいじゃねえか。細かいな」と反論するので、毎度ケンカになっていた。そういうこともあって、自社内に圧縮機がほしいと俺は思っていたのだ。

俺にとって初めての工場づくり

マックプレス社で非常に強力な圧縮機を見たときに、俺は「これだ！」と閃いた。

「いくらするかわからないけど、ほしい！」と思った。

こんな強力な圧縮機を見たのは初めてで、その圧縮機は日本のそれに比べてパワーと性能が明らかによかった。同業者にあった圧縮機をいろいろと見に行ったことはあったが、イタリア製の圧縮機は本当にすごかった。

「トラックでゴミを運ぶだけじゃ食っていけない。この機械があれば、他社の工場にも負けないはず。父ちゃんも、この圧縮機があればシステムアローにゴミを出してくれる。俺もあの会社の息子とケンカしなくてすむ」

と独り言をつぶやき、「システムアローは圧縮工場をつくるぞ！」と叫んだ。

こうして圧縮工場をつくることを決意すると、マックプレス社には「この機械を買うから」と、俺は父ちゃんに相談せずに勝手に購入を決めてきた。「システムアローは俺の会社。だから、俺が決める！」と意気込んでいた。今思うと、世間知らずのバカな息子だったとつくづく思う。

帰国してから、俺はこの機械の値段が8000万円と知り、一瞬冷や汗が流れた。それでも買いたい気持ちに変わりはなく、導入するための申請手続きに入った。現在では1億円を超える金額で販売されている圧縮機だ。父ちゃんは何も聞かず「わかった」と一言。そして、連帯保証人になってくれた。父ちゃんには感謝の気持ちしかない。

工場用地は、シタラ興産の裏で農家をしていたおばあさんが「農業をやめる」という話があり、その土地を買えないかと交渉した。工場の建屋をコンクリートでつくったので、総工費は3億円になった。システムアローは、銀行に融資をお願いした。

当時、「社長になりたくない、会社を辞めたい」とばかり思っていたが、俺は「これだけの借金をしたのだから後は社長になるしかない」と思い始めていた。

しかし、当時の俺はまだまだ考えが甘かった。システムアローはシタラ興産の子会社で、もし何かあっても親会社のシタラ興産が力を貸してくれるはずだと考えていたのである。社長として借金をする意味を全然理解していなかったのだ。


こうして4年後の2007(平成19)年、28歳のときに圧縮工場は完成した。この時期の俺だが、次章で触れる福島県会津若松の不法投棄の片付けが始まっていた。二足草鞋の社長業だった。

圧縮工場は、意外にもヒットすることとなった。シタラ興産から圧縮工場に廃棄物を出してもらっていたが、マックプレス社の機械の性能がすごかったため、シタラ興産からだけの仕事では全然足りず、もっと圧縮の仕事を請け負うことができた。

そこで俺は、「もっと仕事を取ってくるから、みんなはプレスして待機してろ!」と指示して、営業に駆け回った。同業者の現場にお邪魔し、圧縮できそうな廃棄物を見つけては、「このゴミ、いくらでプレスさせてもらえませんか?」とお願いした。

毎日夜の10時過ぎまで、ともにシステムアローを盛り立てようとした宮下と2人で働いた。そして、売上3000万円が、2年後には10億円以上になった。俺は親会社であるシタラ興産を抜くつもりだった。

その頃は、次章で触れるが、筋トレも始めていたので、営業先で強面の人間が出て来ても、「父ちゃんよりは怖くねえな」と思えるようになっていた。

「なんだ、てめえ、帰れ!」と言われても、「システムアローの設楽と申します。このゴミを圧縮させてください。値段だけでも書かせてもらえませんか? この資料を置いていきますから、ご連絡ください」と、動じずに答えられるようになった。少しずつだが、筋トレの成果が出ていたのだ。

こうした営業活動が実り、工場は今でも順調に稼働している。同業者の知り合いも、このときの営業でかなり増えた。遠く九州からも依頼があり、今でも出張に行っている。

22歳でシステムアローの社長になり、もう18年が経った。システムアローでの仕事は、自分が動けば動くほど結果が出たのでやり甲斐を感じた。お客様は同業者の方たちがメインで、「システムアローを頼ってくれている」ということでとても嬉しかった。

システムアローでの圧縮工場の完成後、俺は初めて仕事の喜びを感じることができたのだ。

俺の工場が燃えている!

システムアローの圧縮工場が無事完成し、稼働1週間後に、実は大事件が勃発した。火事が発生したのだ。夜、家にいると消防車のサイレンの音が聞こえてきた。その音はできたばかりの工場のほうに向かっていた。俺は心配になり工場に様子を見に行くと、工場から火の手が上がっていたのである。

「俺の工場が燃えている!」

すぐに父ちゃんや社員に連絡した。

俺は重機に乗って、燃える工場の中に入って行った。「ゴミを出さなければ」という一心だった。廃棄物は一度燃えてしまうと燃料と一緒なので、なかなか火が消えない。

そうなると工場が全焼してしまい、買ったばかりの圧縮機もダメになってしまう。圧縮機の周りの廃棄物を取り除き、圧縮機が燃えるのを防がなければと、とっさに思ったのだ。

積まれていた廃棄物の上に重機を移動させ、圧縮機の近くの廃棄物を必死にかき分けていた。消防隊の人たちが、「重機から降りろ、爆発するぞ！」と遠くから叫んでいる声が聞こえた。このままでは重機にも火が燃え移り、爆発する可能性があった。

それでも俺は重機から降りなかった。「爆発するもなにも、8000万円の借金をして買った圧縮機を燃やすわけにはいかないんだ！」と、圧縮機を火の手から守ることに必死だった。周囲は大騒ぎで、消火するために水が飛び散っていた。

重機のワイパーは熱で曲がってしまい、水を切ることもできず、そのうち工場の電気も消えて視界は最悪になった。これだけ大量に放水されているので、圧縮機も漏電はすると思ったが、漏電なら復旧できるだろうと俺は考えた。とにかく圧縮機から廃棄物を遠ざけて、工場の外に出そうと俺は重機を動かし続けていた。

気づけば、重機の下の廃棄物が燃え始めていた。重機のキャタピタは鉄製で外側にゴムパッドが付いているのだが、それが熱で溶け出し、一部が燃え始めていたのだ。

さすがに建屋は諦めたが、俺は圧縮機だけは何としても守りたかった。もう一刻を争う状況だ。しかし、俺は「爆発するならしてみろよ！」ぐらいの気持ちで、重機を動かし続けた。

そのときだ。

「竜!!」

ものすごい大きな声が聞こえたのは――。

同時に、ガチャンガチャンという衝撃音と振動が伝わってきた。重機の操縦席の左側には窓ガラスが付いているのだが、それを父ちゃんがハンマーで叩いて割ろうとしていたのだ。

ガラスの一部が割れて穴が開くと、「ダメです、ダメです」と止める消防隊員を振り切って、父ちゃんは消防車から引っ張ってきたホースを穴に突っ込んだ。ホースから勢いよく放水され、操縦席は一気に水浸しになった。俺は座っている自分の腰の高さくらいまで水に浸かった。

父ちゃんは重機が爆発すると思い、とっさに水を入れたのである。水を入れることで少しは違うだろうと判断したのだ。そして、水が漏れないようにドアの部分にはガムテープを貼ったのである。

「竜、これで大丈夫だ、1人で死なせねぇ！」

父ちゃんの「竜」という叫び声を聞くと、急に勇気が腹の底から湧き上がった。なぜか安心感に包まれ、「助かった」と思ったのだ。まだ重機の下は燃えていたが、水を大量に入れたことで操縦席には燃え移ってこないし、爆発はしないだろう。炎の中、そこまでしてくれた父ちゃんの愛をすごく感じた瞬間だった。その父ちゃんは重機にしがみついていた。

キャタピラも溶けて、熱でライトも落ちてしまっていたため、最初は真っ暗で何が起きたのかわからなかったが、圧縮機は炎に照らされてどこにあるかわかった。何とかして圧縮機を守るために、その後も廃棄物をかき出すのに必死だった。火事による臭いも強烈だったが、父ちゃんの「大丈夫だ」の一言で怖さはなかった。

ようやく火がおさまってきたところで、俺は重機から降りた。見ると、自分が乗っていた重機はほとんど丸焦げだった。乗っているときに熱さは感じなかったが、俺の体は火傷だらけになっていた。

翌日、警察の現場検証のために、朝7時に集まるように言われていた。明るくなったところで改めて見ると、重機はもう朽ち果てたような状態で、これに自分が乗っていたのかと思うと、今更ながらに驚いた。

あのときは熱いと感じていなかったが、レバーはプラスチックが溶けて金属が剥き出しになっていた。メーターは溶けかけていた。爆発しなかったのは、運よく燃料が尽きかけていたからだとわかった。

結局、作業後に処理しきれないゴミに水をかけたことが火事の原因だった。そのゴミの中にアルミと鉄の粉が入っていたため、水をかけると熱が出て、一気に爆発してしまったのだ。監視カメラにその映像が残っていた。

命懸けで守った圧縮機は、宮下が電気関係の業者を呼んで、2週間ほどで復旧した。工場の建屋は、1週間後に保険に入る予定だったので、しばらくはそのままの状態で操業していた。天井や壁の一部がめくれたり、燃えた鉄骨が錆びていた。その後、改修したが、今でも少し曲がっている柱がある。

俺は22歳でシステムアローの社長になり、圧縮工場を建てたり、その工場が火事になったり、また後に触れるが行政から廃棄物の片付けを命じられたりと、かなり濃い20代を過ごした。ヘビーな体験を若い頃からしてきたのである。俺は損な役回りばかりさせられてきた。

だが、俺の父ちゃんは、「自分で何とかしろ。自分で生きていけ」というタイプだった。俺は全部自分でやることで、仕事につなげてきた。しかし、今振り返ると、まだまだ甘い後継者だったと思う。

コラム●シタラ興産を支える社員たち①

社長の先見性と情熱に魅せられて

常務取締役兼営業本部長　関根俊明

シロアリ駆除の会社から転職

今から18年前の2001（平成13）年11月に、私はシタラ興産に入社しました。設楽竜也社長は、私よりも1年半前に入社していました。

シタラ興産は、私にとって2社目の会社でした。大学を卒業し、社会人1年目は、シロアリ駆除の会社で迎えました。訪問営業の仕事を任され、入社当初は頑張りましたが、半年後には営業ができなくなっていました。

担当エリアが福島県だったのですが、福島県の方たちはとても親切で、情の濃い方が多く、営業で訪れると「お茶を飲んでいきなさい」と労をねぎらってくれるのです。私はそんな方たちに、シロアリ駆除の商品、決して悪い商品ではないのですが、30万~40万円と高額な商品を売ることができなくなってしまい、結局1年ほどで見切りをつけて会社を辞めました。

退職後、実家がある埼玉県熊谷市に戻ってきました。アルバイトをしながら会社探しをしていたところ、ハローワークで「現場作業員募集」の告知を目にしました。それがシタラ興産でした。産業廃棄物処理業界について、当時の私は何も知りませんでした。ただ、働くことで社会貢献できる仕事かもしれないと思い、現場作業員に応募し、採用されました。

当時の社長は現・会長で、シタラ興産の創業者・設楽博さんでした。会長の指導方法は、一言で言えば「軍隊式」でした。「右と言えば、右」というものので、その指示に先輩社員の方たちは従い、私もそれにならって社長の指示のもと働きました。

当時のこの業界の方たちの多くは、見た目も怖く、威圧的な人ばかりでした。会長は、そんな強面の人と対峙しても一歩も引かない勇敢な人で、「会長はすごいな」と、いつも思っていました。

社内の人間関係は昔からとてもよく、会長も先輩社員たちも、入ったばかりの私に目をかけてくれました。何かあれば、私たち20代の若手社員を食事に連れて行ってくれたりもしました。

環境ＩＳＯで変わる会社

設楽竜也社長は、若い頃からシタラ興産の後継者として、常務、専務、副社長と役職をどんどん駆け上がっていた印象です。しかし、どんなに役職が上がっても、人柄、仕事スタイルは一貫していました。

ここまでの本文をお読みいただいてもわかるように、社長は自分で仕事をつくるタイプの方です。若い頃から猪突猛進、いわゆる鉄砲玉のような人で、当時は会長から出された特命の仕事を次々に解決されていました。

一方、私は自分の持ち場を見つけ、その持ち場で頑張るタイプでした。入社以来、現場から事務、そして営業と与えられたポジションに責任を持って全力投球してきました。

会長が営業の仕事に関わらなくなった２００９（平成21）年頃に、私は営業を任されるようになりました。会長の薫陶を受けて、私はシタラ興産の営業先をどんどん整理していきました。これまで会長が実践されていた胆力を用いての清濁併せ呑む営業ではなく、正攻法での営業体制を整えていったのです。

ちょうどこの時期は、環境ＩＳＯが動き出した頃でした。私はＩＳＯ担当に任命されたので、「どのようにリサイクルをしなくてはならないのか」「どのように法令遵守しなければいけないのか」に着目し、問題解決をはかりながら、ＩＳＯの維持のためにまい進しました。

改めて会社の中を見ると、「これは法令遵守なのか？」ということがいろいろとありました。そこで、この機会に前時代的な営業や業務をすべて見直し、時代に合わせて近代化をはかりました。

このときに、社長は「地味な色はやめて、産廃業者っぽくない、綺麗な色のトラックに変えよう。汚れが目立っても掃除すればいい。そうすれば社員の意識も変わるだろう」と提案され、当時珍しかったシルバーとブルーのさわやかな色のトラックに変更したのです。

社長から新しい時代に向かうための提案はさまざまあり、その多くが採用されています。「あのとき変えてよかった」と、今になって思うことばかりで、社長の先読みする力には驚かされます。

パッションに魅了される

社長が先頭に立ってつくった「サンライズＦＵＫＡＹＡ工場」ですが、建設当初、ＡＩ搭載ロボットの話はまったくありませんでした。選別工場と、何でも破砕処理できる工場を目指してスタートしたのです。

しかし、当時はあと2年も経つと人手不足の問題がどんどん深刻化してくることが予想されていました。そこで、「24時間営業の工場をつくろう」という話が出ました。ここからＡＩ搭載ロボットにたどりつきました。

社長はインターネットの動画で見つけたロボットを購入するために、毎月フィンランドに出向いていました。私はその様子を、「大丈夫かな」と不安な気持ちで見ていました。フライング気味の行動のように見えましたが、それが社長の魅力でもあります。

ただ、ロボット導入については、私はそのような先進的な技術はシタラ興産に必要なのかと懐疑的でした。さらに、資金繰りのことを思うと、どうしても慎重になってしまいました。

しかし、社長は私に対して、「いや、そうじゃねえんだ。やはりな、5年、10年先を見据えて仕事を考える必要がある。工場をつくる必要があるんだ」と熱く語られ、私はもう反対というよりは、「じゃあ、行きましょう！」と賛成する気持ちが強くなったのです。

社長が考えた末の判断だからということもありますが、それ以上に社長が持つ熱意、情熱に魅了されたことが大きかったと思います。

２０１７（平成29）年4月に、私は「常務取締役」になりました。この責任ある立場から、私は社長のほとばしる熱意を今後も支えていきたいと強く思っています。

左から弟・賢太、俺、関根俊明、宮下智則

Episode

04

俺、アイアンマンになる！

父ちゃんが倒れた！

2003（平成15）年夏、俺が23歳のとき、父ちゃんが突然倒れてしまった。脳梗塞だった。アイアンマンだとずっと思っていた強い父ちゃんが倒れたことが、俺は本当にショックだった。

父ちゃんが倒れたのには、理由があった。

倒れる1カ月ほど前、福島県須賀川警察に呼ばれた父ちゃんは俺を連れて出向いた。須賀川警察署に着くと父ちゃんは俺に、「竜は入って来るな」と言い、1人で打ち合わせ室に入っていった。俺は廊下の椅子に座って3時間ほど待った。父ちゃんは話を終えて出て来たが、無言。帰りの車でも終始無言だった。

それから間もなく、福島県会津若松市の市役所の職員がシタラ興産にやって来た。不法投棄された廃棄物を撤去するようにと、行政指導が入ったのである。


分別した廃棄物は、再利用される物と埋め立て処理する物がある。埋め立て処理の作業をシタラ興産は業者にお願いしていた。だが、本来なら宮城県までトラックで運び、埋め立てることになっていた廃棄物を、その業者は宮城県に向かう途中の会津若松ですべて棄ててしまっていたのだ。

シタラ興産は、本当に埋め立てられているかを確認しに行く必要があった。非はシタラ興産にもあったのかもしれない。しかし、業者によって不法投棄された廃棄物を、シタラ興産が全量撤去しなければならないというのは、すんなりと納得できることではない。撤去量は800㎥にも及ぶのである。

だから、父ちゃんは怒り狂った。

「なぜ、うちが片付けをするのですか？　おかしいじゃないですか、うちはもうお金を払ったのだから、片付けなかった会社にやらせてくださいよ！」

さらに、「どうしてもやるなら20年かけて片付ける」と父ちゃんは答えた。しかし、行政は許してはくれず、「20年もかけるのはダメだ。それならば、産業廃棄物処理業の許可を取り上げるぞ」と脅してきた。要するに、「社業を続けたいのならば片付けろ」の一点張りだったのだ。まったくもって理不尽な話だ。

こうして、不法投棄の片付け問題によって思い悩む日々が続いた父ちゃんは、脳梗塞で倒れてしまった。病院では、脳梗塞の影響で歩けなくなるかもしれない、目が見えなくなることもあるなどと言われた。

「あんなに強かった父ちゃんが……」と、俺のショックは半端ではなかった。今、父ちゃんは回復して元気に過ごしているが、当時は本当に心配で、不安だった。

父ちゃんが倒れてしまった以上、福島県の片付けは俺がするしかないと思った。通常の会社であれば、社長である父ちゃんを支える経営幹部が対処すべきことだろうが、シタラ興産は父ちゃん以下全員が平社員の組織だ。

名ばかりの部長は、福島県の件が発覚すると、会社を辞めた。その部長が埋め立てするはずだった業者と契約を結んでいたので、自分では責任を取れないと思ったのか、逃げるように辞めていったのだ。

俺は腹をくくった。「息子の俺がやるしかない!」と覚悟を決めて、父ちゃんの会社を守るために俺が福島県に行くことにした。

3年間続いた深谷⇕会津若松

俺はさっそく父ちゃんに、「福島県のゴミ、俺が片付けてくる」と伝えた。その間、会社には、俺が信頼できる2人の仲間・関根と宮下に残ってもらった。彼ら2人に会社を任せて、俺は福島県の廃棄物撤去を進めることにしたのだ。

俺は父ちゃんが言ったように、ある程度時間をかけてゆっくり片付けようと思った。早く片付けようとすると、会社に多額の費用負担が一気にかかってしまうからだ。

一度、何千万円の支払いをして埋め立て作業をお願いした廃棄物を、ごちゃごちゃにされて戻されたら、また選別作業をしなければならなくなる。すると、選別代が再度発生し、そのうえ埋め立て代も改めてかかることになる。これでは倍以上お金がかかるため、下手をすると会社が潰れる可能性があったのだ。

父ちゃんが入院中に俺が廃棄物の片付けをして、その結果、会社が潰れたら父ちゃんは悔しいだろう。しかし、片付けなければ、事業継続ができなくなる。どちらにしろ会社は潰れてしまう。だから、時間をかけてゆっくりと仕事をすることにしたのだ。俺はだいたい月に4回、福島県の会津若松に通った。

嬉しかったのは、父ちゃんが入院中に自ら運搬車を手配してくれたことだ。「トラック1台じゃ困るだろう」と、俺のために運搬業者を見つけてくれた。その運転手は父ちゃんの仲間で、俺も顔見知りの人にお願いしてくれたのである。それまでは、福島県の山奥で1人でゴミを積んでいた俺だったので、少し気が紛れた。

作業をするときは、毎回8人ほどの行政担当者がやって来て、俺の後ろから様子を見ていた。作業する俺を見張っていたのだ。

不法投棄された廃棄物を重機でつかんで、それをトラックに積んでいく。積み方によってはたくさんの量を積むこともできるが、軽く積むこともできる。いかに量を少なく積んで、外見からは多く見えるようにするかを考えた。俺はその頃には積み方と量の調整をするコツをつかんでいた。

ゆっくり片付けるために、一度にたくさんの量を積みたくなかった。しかし、軽く積んでいると、「お前ら、もっと入れられるだろ！」と行政担当者から拡声器で指示された。仕方なく言われた通りに積むと、30トンを超える量を積んでいた。

それでも、「もっと積み込め」と容赦なく言われた。トラックの積載は10トンだから完全にオーバーである。しかし、行政担当者は平気で「それで行け」と指示を出した。

さすがに、俺は反論した。

「30トンも積んだら車が倒れる。それでも30トン積めと言うなら、車を走らせてもいいように、きちんと通行手形を取らせてくれ」

すると、「お前たちがやったことだ。通行手形は出せない。とにかく積んで行け」の一言だった。しかし、「これではダメだ」と思い、俺は一度積んだ廃棄物を下ろして積み直した。10トンのところに無理やり30トンも積んで、倒れて事故に遭ったら運転手は困るし、何度も積載オーバーを続けていたら、運ぶ手伝いに来てくれなくなってしまうだろう。

それで、俺は30トン積んだように見えるが、実際には10トンになるようフカフカに積み直したのだ。

福島県の撤去現場

トラック3台に廃棄物を積み、積み終わったトラックから会社へ向かってもらった。最後の大型トラックは、俺が運転した。会社へ戻ると廃棄物を分別し、それが終わったらまた福島県へ行って廃棄物を持って帰って来る——。この片付け作業を、俺は23歳から25歳までの3年ほど、ひたすら続けた。

今度は栃木県の山奥に廃棄物が……

福島県での廃棄物の片付けがほとんど終わりかけた２００７（平成19）年秋頃、シタラ興産にまた新たな事件が起こった。今度は栃木県だった。その山奥に、2年ぐら

栃木県の撤去現場

い前からシタラ興産が出した木くずが山積みされていると連絡があったのだ。

確かに木くずをトラックに積んで、業者へ出していたことを覚えていた。俺が積み込みをしていたからだ。木くずを堆肥に混ぜている業者があり、その業者に売ったものだった。堆肥になっているはずの木くずが、実際には堆肥にならず山積みされているという。

この件で、栃木県庁に呼び出された。その頃、父ちゃんの体調はよくなっていたが、ひどい頭痛に悩まされていた。また、父ちゃんの話は前後することが増え、時々わけのわからない話をすることもあった。

そのため、「俺が積んだし、いきさつを

知っているから一緒に行って話すよ」と、父ちゃんに同行し、2人で栃木県庁へ向かった。

そこでは、聴聞会が開かれた。通された部屋の中央には行政の方たち、左右には警察官が座っていた。いきなり警察がいるとは思っていなかったので驚いた。最初に警察官から、「設楽、お前ら親子、今日、普通に帰れると思うなよ。場合によっちゃ、泊まってもらうぞ」と言われた。

何がなんだかわからず、血の気が引いた俺は、「何がですか？」と恐る恐る尋ねた。すると、「とぼけるんじゃねえ！　お前ら犯罪の一味だろう。わざと木くずを溜めたんだろう！」と怒鳴られ、「これを見ろ！　これを持って来たのはお前だろう⁉」と写真も渡された。

見ると、確かに山になった木くずが写っていた。だが、ゴミには名前が書かれていないので、シタラ興産が出したものなのかハッキリわかるわけではない。

「いや、シタラ興産では持って来てないです。うちは堆肥として出しているので、このように山積みになっているわけないです。なぜなら、木くずはもう堆肥になって業者から出ていっているはずですから」

俺はしっかり否定したが、行政の説明によると、その業者は堆肥にする木くずや材料をたくさん集めすぎてしまい、一部は堆肥になっているが、まだ堆肥になっていない在庫を大量に抱えて、それがくすぶってボヤを起こしていたというのだ。そのため、近隣住民から苦情が入り、調べたところシタラ興産が木くずを出していたことがわかったため、今回の呼び出しになったという。

会社から出した木くずの中にも、すでに堆肥になっているものもある。だが、どこまでがどうなっているかは誰にもわからない。ただ、実際にそこに木くずを出していたのがシタラ興産だったので、全量撤去の命令が下ったということだ。

「だったら逮捕でいいよ」の理不尽に耐える

栃木県の県庁からは、大型トラック100台分を片付けるよう指導が入った。説明を聞きながら、俺は「確かに、木くずを出した事実はある。だから、また片付けるしかないか」と思ったが、トラック100台分には納得できなかった。

産業廃棄物の処理を他社に委託する場合、産業廃棄物の名称、運搬業者名、処分業者名、取扱い上の注意事項などを記載したマニフェスト（産業廃棄物管理票）が交付される。俺は事前に過去のマニフェストをチェックし、この業者に木くずを出した量がトラック40台分と確かめていたからだ。

「うちが出したのはトラック40台分です。１００台は多すぎます」

すると、栃木県の県庁の役人は「60台はペナルティだ」と言い放った。

「何ですか、ペナルティって。40台だったらうちの分ですからやります」と食い下がる俺に、先ほどの警察官が衝撃の一言を放った。

「だったら逮捕でいいよ。お前がやったのは事実だから。ペナルティ60台を受けないなら逮捕する」

まさかの「逮捕する」の言葉に、俺は何も言えなくなった。逮捕は困る、当然だ。会社は確実に潰れるからだ。それは絶対に避けなければいけない。何一つ納得できないが、俺は１００台分の撤去を受け入れざるを得なかった。父ちゃんは頭痛がひどく、最後まで一言も話さなかった。

福島県の撤去が終わらないうちに、今度は栃木県での撤去作業が始まることになった。シタラ興産は必要以上の作業をさせられることになってしまったのだ。撤去のための費用もかさみ、俺の気持ちはどん底だった。

こんな気分を抱えて生活していると、私生活にも悪影響が出た。道で人と少しでもぶつかればすぐケンカになり、飲めない酒を毎晩飲むほど荒れていた。イライラが止まらなかったからだ。妻の聖子とはその頃すでに付き合っていたが、その聖子が「あの頃は荒れていて、ちょっと怖くて近寄れなかった」と言っているほどだ。

木くずが溜まっている現場を見たかったので、俺は後日改めて栃木県に出向き、業者のところへ案内してもらった。同行した栃木県庁の担当者たちは現場の手前の曲がり角でなぜか待機し、「100台分片付けろと言われたと言って来い」と指示した。

仕方なく、俺1人で業者のところへ出向いた。そこにいた業者の現場責任者を見て唖然とした。上半身裸の格好で、体は入れ墨だらけの見るからに強面の男性が立っていて、

「何だ、お前。何しに来た！」

とすごい剣幕で睨まれてしまったのだ。俺は栃木県庁の担当者から言われた通り、

「栃木県庁から、この木くずをトラック100台分持って行くように言われたので来ました。トラックも来ているので積ませてください」とお願いした。

しかし、現場責任者は、「ふざけんじゃねえ！　俺の集めた大事な木くずを持って行くんじゃねえ！」と怒鳴り散らすと、ようやく栃木県庁の担当者が現れた。

「まあまあ、こちらに片付けさせますから任せてくださいよ」となだめつつ、「ちょっと重機でトラックに積んでやってもらえないですか」と頼み、何とか木くずを持って行けることになった。俺には非常に厳しい対応をしていた栃木県庁の担当者が、優しい対応に変貌していたことには心底驚いた。

現場責任者が重機に乗って木くずを攪拌したり、空気を入れて腐らせるようにするなど、堆肥づくりの作業自体は行われていた。ただし、堆肥づくりに使うには多すぎる量の木くずが積まれていた。

未処理の木くずだけを、現場責任者がどんどんトラックに積んだ。積むたびに、シタラ興産は大赤字になるばかりだった。一度、運搬代を払っているにもかかわらず、もう一度シタラ興産に持ってくる。さらに、改めて処理費がかかる。一度で済むことをもう一度するのだから赤字になるのは当然だった。

しかも、積んでいる現場責任者は「好きなだけ積んで行け！」と怒っているので、すごい勢いで適当に積んでいく。俺はトラックに乗っていたが、積まれるたびに運転席が揺れるほどだった。

出口で栃木県庁の担当者に、「残りが99台」とカウントされて最初の片付けは終わった。その後、処理計画を立て、毎月トラック3台で取りに来るようにと、行政から指示された。それから2年、木くずの片付けのためだけに俺は栃木県へトラックを走らせた。

疲れて会社に戻っても、栃木県での片付けは話すことができなかった。社員に話したら社員が辞めてしまう気がしたからだ。赤字にしかならない片付けを無理やり行政からやらされている会社は、先が長くないと思われてしまうだろう。社員で栃木県の片付けについて話していたのは、信頼する関根と宮下だけだった。

父ちゃんを「ゴミ屋の社長」とは言わせない

木くずを会社に戻せば戻すほど、会社の赤字は膨らんでいった。当時のシタラ興産の年商は約6億円弱。片付け作業によって増える赤字で、会社はいつ潰れてもおかしくないと俺は思っていた。

俺が5年かかって行った福島県、栃木県の廃棄物撤去だが、現在では、「排出事業者責任制度」がしっかりと決められているので、このような行政指導は行われていない。廃棄物を排出した会社が責任を取ることになっているので、責任を取る会社では管理チェックが徹底されるようになったからだ。

その制度に照らし合わせると、福島県と栃木県、両方の件はどちらもシタラ興産が排出した廃棄物が放置されていたので、責任を取らなければいけないことになる。要はきちんと処理しなかった業者が一番悪いのだが、そういう業者に頼んだシタラ興産の落ち度でもあった。業者は罪で償う、シタラ興産はその落ち度をペナルティとして償う、そういう形だ。

ただ、当時はこの制度が本格的に施行されていなかったので、どこに責任があるのかハッキリしていなかった。シタラ興産では自分たちが廃棄物の片付けを行ったので、お客様に迷惑をかけることはなかった。

しかし、他社では「うちは片付けをやらない」と言い張り、本当に片付けず、その廃棄物を出したお客様に片付けさせたところもあった。「片付けなければ、事業の許可を取り上げる」と、俺はなかば脅しのように言われて片付けたが、結局、片付けずに事業の許可を取り上げられた会社はなかったようだ。後日、その話を聞いて俺は愕然としたが、その分お客様からはより一層、信頼されるようになった。

廃棄物撤去の件は、行政と警察が一緒になり、突然無茶な要求をしてきたものだった。だから父ちゃんは抵抗したし、相当悩んだと思う。理不尽な要求によるストレスやプレッシャーを1人で抱えた反動が、脳梗塞で倒れる引き金になったのは間違いない。

倒れた父ちゃんに代わって、片付けを俺の責任でやることに決めたのは、他でもない父ちゃんのためだった。父ちゃんが創業したこの会社が潰れたら、父ちゃんはひどく悲しむだろう、だから潰れないようにする。社員が辞めようが、当時の俺にはあまり関係なかった。

とにかく父ちゃんを立派な社長にして、「ゴミ屋の社長」なんて言わせたくない。小さい頃から「父ちゃんはすごいんだ」と思って育った俺の気持ちを、大切にしたかったのだ。俺が20代の頃、福島県と栃木県の廃棄物撤去の仕事ができたのは、本当に尊敬し、愛する父ちゃんのためだったと確かに言える。

すべてを犠牲にしても、父ちゃんのために尽くしたいと思った。その頃の俺は、シタラ興産の将来に夢を描くことができなかったので、せめて父ちゃんを誰からもバカにされることなく、立派な父ちゃんにしたいという一念だった。

アイアンマンになる!!

福島県と栃木県での廃棄物撤去作業は、肉体的にも精神的にもとてもしんどく、俺は「この片付け作業が終わったら会社を辞めよう」という気持ちになってしまった。

しかし、システムアローで圧縮工場をつくり、社長業の手応えを感じたときには、「このままシタラ興産を継いでもいいかな」とも思った。

この相反する気持ちを行ったり来たりしながら、俺は幼い頃の食卓の光景を思い出した。家族で食卓を囲み、一緒に1切れのシャケの切り身を分けて食べていた昔懐かしい光景だ。

「俺がもし会社を辞めたら、父ちゃんの期待に応えられなかったことになるのかな」「父ちゃんは俺を社長にさせたかったのかな」「でも俺は、この仕事を継いでいけるようなタイプじゃない」など、出口のない堂々巡りで悩んでいた。

俺はこれからどうすべきか、その答えを出すのに1年かかった。シタラ興産に残り、俺が父ちゃんのように社長業ができるかどうか見極めようと思った。具体的には、会社での仕事を続けていくが、その間に自分に課せられたことを全部クリアできない場合には潔く辞めるという決意だった。

まず、シタラ興産を継いでいくためには、父ちゃんのような強靭な肉体とメンタルを持っていないとダメだと考えた。福島県と栃木県の廃棄物撤去では、あの父ちゃんでさえ悩み抜いて倒れた。だから、「俺はアイアンマンになる必要がある」と思った。そうならないと、会社を継ぐのは無理だ。

そこまで考えると、「俺は後継者になれるか?」というプレッシャーが重くのしかかってきた。正直な話、死ぬことまで考えたほど、俺は自分を追い込んでいった。だから、常にピリピリしていたため、その頃の俺には話しかけられなかったと社員たちは言っている。

俺は肉体を鍛えることを己に課した。自分が決めたことをやり抜くためだった。ただ普通に体を鍛えるのではなく、ジムでのトレーニングで自分の決めた量、自分の決めた回数が終わるまでは家に絶対帰らないことにしたのである。

自分で決めたことができないようなら、俺はもう生きていてもしょうがない。会社を継ぐのも無理だろうと思った。しかも、会社を継いで社長になるということは、人よりもつらいことをするわけだ。

これから社員たちの先頭に立つ俺が自分の決めたことをクリアできないようなら、リーダーになる資格はないということだ。だから、決めた回数を超える男になろうと決意した。

俺が体を鍛えようと決意したのは、後継者になる俺自身が自信を持ちたかったからだ。そして、男として、人間としてのたくましさがほしいと思ったからだ。

俺はもともと背が低く、細くて色白だった。子どもの頃から気だけは強かったが、

筋トレ前の俺　25歳

筋トレ前の俺　23歳、沖縄にて

お坊ちゃん風の見た目で、20代後半になっても俺はひ弱な印象だった。父ちゃんは、背はそんなに高くないが、胸板が厚く、何だか強そうに見えた。

なぜ、誰も父ちゃんにつかみかかったりしないのかと考えると、それは父ちゃんの見た目が強く見えて、少しイカつい感じだったからだろう。それに比べ、俺は毎日社員とケンカしていた。父ちゃんみたいな肉体にはなれないかもしれないが、鍛えて少しは近づきたいと思った。

当時、産業廃棄物処理業界では、見るからにイカつくて、強そうな男が多かった。そういう強そうな男はケンカにもなりにくくて得だなと感じていた。だから、会社を継ぐからには、強そうな男が相手でも、絶対に負けない男にならなければいけないとも考えた。

そのために、俺はいつもダボダボしたちょっとワルそうに見えるスーツしか着なかった。幅の薄いサングラスをかけて、イカつい感じに見えるようにしていたのだ。単純に、相手もイカつい感じの男だから、見た目で負けたくない。ケンカにならないように、自分もイカつくしておくしかないと考えたわけだ。

しかし、服装だけイカつくして、無理やり強く見せようとしていても、すぐにバレてしまうものだ。それならば肉体を徹底的に鍛えて、誰にも負けないようなボディにしようと思った。「何か言ってきたら、ぶっ飛ばしてやるしかない」と本気で思っていたのである。

俺の筋トレ、命懸け

「よし、筋トレをするぞ」

自らを鍛えることを決意したのは、27歳の2006（平成18）年1月1日のことだった。

この頃は、妻の聖子と交際をしていた頃で、年末年始、彼女と2人で旅行へ行くことになった。「海外へ行きたい」という聖子の期待に応えるために、旅行代理店に連絡を入れると、「シンガポールかフィリピンのセブ島、どちらかならギリギリ間に合います」と言われた。聖子が「シンガポール！」と言ったので、シンガポールへ行くことになった。

シンガポールではあまりの暑さに、俺は生まれて初めてタンクトップを着た。そのとき鏡に映った自分の姿が貧弱で、みっともないと思った。「これじゃあ、誰も俺についてこないし、父ちゃんみたいな社長になれない」と感じたので、俺は1月1日からトレーニングを開始し、ドラム缶のようなたくましい男、アイアンマンになってやると決意したのである。

「今日からトレーニングして変わってみせる。もし変わらなかったら、会社を辞める。いいや、俺がいなくなってもいい」

そこまでの覚悟だった。会社を継げないとなると、俺はもう家には帰れない。家族仲も悪くなるだろう。その当時、弟は本格的にボクシングをしていたし、母ちゃんは父ちゃんを支えるために会社に来て手伝っていた。

設楽家の当時の雰囲気からすると、もし俺が社長にならなかったら、家に二度と入れてもらえないだろうと感じていた。父ちゃんは敷居をまたがしてはくれないだろうし、母ちゃんも許してはくれないはずだ。

それならどこか遠くへ行って働くとなっても、そこまで聖子を連れて行けない。そうなると、「体を鍛えて会社を継ぐ」か、「辞めて自分が消える」かの究極の2択だった。

「今日から鍛えて、父ちゃんのような男を目指そう」

ある意味、ここで、会社を継ぐことを決めたような気がしている。

俺はこれまでスポーツをやってきたこともあり、簡単な普通の筋トレではなく、人ができないほどの、前人未到の筋トレを目指した。毎日が真剣勝負だ。その頃は仕事よりも筋トレに力を入れたほどだ。

俺のトレーニングはめちゃくちゃだった。1週間のうち休みは1日のみ、あとはすべて筋トレに励んだ。仕事の後に、体が痛くて動けなくなるまで筋トレをした。「この痛みに耐えられないならば、社長にもなれない」と思い、筋トレをやり続けた。

筋トレ後の俺

多くの人は「ただの筋トレ」と思うだろうが、俺からすれば俺の人生をかけた「命懸けの筋トレ」だった。ランニングマシンで走っても、「自分が決めた時間を走り切れなかったら死のう」と思って走った。

「自分で決めたこともできないようなら生きる価値はない。父ちゃんみたいにもなれない。会社を継ぐことも無理だ。家にも戻れないし、他の仕事の経験もないので、生きていけない……」

今改めて思い返すと、当時の俺は心が弱かった。常に、生きるか、いなくなるかの2択をしていたからだ。大げさな話ではなく、付き合っていた聖子に会うたびに、「俺が夜中に1人で白い服を着て出て行ったら止めてくれるな。男らしく首と腹を切って散るつもりだ」と話していた。

俺はひたすら鍛えて、最初は30キロも上げられなかったバーベルを、今では120キロ上げられるようになった。強い見た目を目指して始めた筋トレだったが、すればするほど鍛えられるのは肉体ではなく心のほうだと気づいた。

「俺はこれだけトレーニングをしたのだから負けない。負けるわけがない。世の中にはもっと努力している人がいると思うが、俺は俺なりの努力をし、限界に挑戦した」「死ぬ」という言葉が、俺の意識から消えていった。限界まで鍛えることを続けてきたことで、少しずつ自信が生まれてきたのだろう。

もし同業者の二代目が俺と同じ立場だったら、仕事が終わってから福島県、栃木県での片付けを経験しないはずだ。おそらく創業者の父か、そのブレーンたちがすべてやってくれたと思う。自分は片付けもせず、商工会などでお酒を飲んだりしていたことだろう。しかし、俺はそんなことはせず、片付けに追われずっと緊張して過ごした。同業者の二代目、三代目が羨ましくて仕方なかった。

だから、ガムシャラにトレーニングをしたいと思った。ジムでは鬼のような形相で筋トレをしていたが、俺は鬼になりたかった。ジムに通い始めて3〜4年間は友達が1人もできなかった。誰も寄せ付けないオーラと、「ワーッ!!」とでかい声を出して筋トレをしていたからだろう。

これだけのつらい経験があったからこそ、今、俺は社長として仕事ができていると感じている。人生山あり谷あり、俺は20代の頃、谷底にいたという自覚がある。福島県と栃木県の廃棄物撤去の経験だ。理不尽に片付けを命じられ、仕事の後にトラックで他県へ向かったあのつらい谷を越えたことが、今はよかったと思う。

限界でぶっ倒れても、「よし!」

実際に俺は、どのようにして筋トレを続けたのか、その一端を話すことにする。

腹筋は回数ではなく時間で決めていた。「何時間連続で腹筋できるか」が基準になる。最後は刺激を与えられ過ぎて、ぐちゃぐちゃになった腸が割けてしまい、お尻から出血するほどだった。もちろん非常に痛い。それ以上は腹筋できないという状態になり、俺の判断として「よし!」ということになる。

では、何が「よし！」なのか。この場合は、腹筋においては自分の限界までやったことだ。お尻から出血したことで、体がこれ以上は無理だと限界を示した。治らなければまた腹筋をすることはできない。バカなことを言っているが、腹筋の鍛錬で限界までやり、そこまでトレーニングをした自分に対して「よし！」というわけだ。

同じように、ルームランナーでも限界まで走り、倒れたことがある。目標は24時間連続の走りだったが、12時間で走れなくなり、倒れてルームランナーから落ちた。この場合も、距離ではなく、どれだけの時間を走っていられたかを試した。

24時間を目指していたが、その半分の12時間だった。この場合、あらかじめ24時間と決めたら24時間走り続けて無事にマシンから降りるか、自分の限界を超えて倒れて気絶するか、この2つが「よし！」だった。

走り過ぎて疲労骨折したこともあった。それもまた、骨折するまで走れた自分に「よし！」ということになる。自分が壊れるまでできた、自分の限界を見ることができたと、自分に納得できるから「よし！」なのだ。

自分の限界を体験によって知った人間は意外と少ない。だからこそ、「限界を見た俺は誰にも負けない」という自信になった。その分、心が強くなったというわけだ。

俺はよく、「メンタルが強い」「いい意味で鈍感」と言われるが、勝手に強くなったわけでも、鈍感になったわけでもない。さまざまな体験を通し、肉体を鍛えることによって、強いメンタルを手に入れたのだ。

こうして限界を超えるまで行うトレーニングは、5年ほど続いた。プロボクサーの友人のトレーニングを見に行ったが、俺のほうがよほど筋トレをしていた。社長になった今は、筋トレで限界まで無理をしてしまうと仕事に支障が出てくるので、メンタルを保つために仲間と一緒に続けている。

筋トレに励んだ時期は、食事も肉体によいものしか食べないようにしていた。たとえば、ブロッコリーとハムだけで半年ほど生活した。極端だと思うだろうが、「これしか食べない」と決めたら、それだけで半年過ごす決意が大切なのだ。必要な栄養素を確保するためにサプリは摂取した。決めた食べ物以外は、誰が何と言おうと食べなかったのである。

要は、俺の気持ちの中で、「それ以外のものを食べたら、父ちゃんのようになれない。

決めたことができないようではダメだ」という意識が強く働いていたわけだ。

筋トレを始めて5年が経ち、32歳になった俺は、自分が将来、会社を継いだときに父ちゃんのような社長にはなれないと気づいた。父ちゃんと俺は人間のタイプが違う。そのことに改めて思い至り、無理に父ちゃんに合わせることはないと思ったし、父ちゃんの真似をしていてもダメだと思った。

俺は自分のタイプに合った、俺流のスタイルで社長としてやっていければいいと思ったのだ。それならどういう会社にしなくてはいけないのか、そこから俺の二代目としての歩みが始まった。

聖子、MY LOVE

俺が結婚したのは36歳とわりと遅いほうだった。しかし、妻の聖子とは21歳で知り合い、それから15年間付き合っていた。その間、ずっと俺を支えてくれたのが、聖子だった。

聖子と付き合い始めた頃、俺は実家を出てハイツＵＳＡというマンションで暮らし始めた。俺が帰る前に、聖子はハイツUSAにやって来て、夕飯をつくってくれていた。このひとときが俺には最高の時間だった。

だから、俺が帰宅して聖子がいないと、「なんでまだ来ないのか」と怒っていた。俺としてはそばにいて一番リラックスできる相手だったのだ。素の自分を曝け出せる唯一の女性だ。「一緒になりたい」という気持ちは20代のときからあったが、お互い仕事が忙しく、特に俺のほうがすごく忙しくて結婚までに時間がかかってしまった。

聖子は専門学校を卒業し、歯科衛生士の仕事をしていた。見るからにしっかりとしたタイプではなく、ほんわかおっとりしているタイプに見えた。父ちゃんと母ちゃんからすると、いずれ会社を任せる息子の嫁として不安のほうが大きかったようだ。

しかし、実際の聖子は見た目からは想像できないほど肝の据わった女性だった。決して軸がぶれない女性だったのである。俺は、交際期間15年でそのことを痛感した。

たとえば、仕事が忙しくて心がささくれ立ちカリカリしていた俺は、ささいなことで聖子を怒鳴りつけた。しかし、聖子は絶対に怒鳴り返すようなことはしなかった。聖子からは何も言ってこなかった。俺が気まずくて、自分から「ちょっと悪かったな」

と切り出した。

すると、聖子は少し悲しそうな表情になり、「ちょっと頭冷やしてくるわ」と言って外へ出て行った。本来なら頭を冷やすのは俺のほうだろう。だが、聖子は自ら外へ出て行き、30分ほど経つと戻って来た。

戻って来ると、「もう大丈夫」と言い、翌日には「仕事、頑張ってください」と言ってくれた。本当に心が広く、肝が据わっていると思ったし、これはもう「すみませんでした」と俺は言うしかなく、そんな聖子を大事にしなければと思うだけだった。


聖子との交際は俺のわがまま放題の交際だったかもしれないが、そんな俺でも聖子が喜んでくれる時間の過ごし方をいくつか知っていた。まずは平日からだが、夜中のコンビニへの買い物だ。「聖子、行くぞ!」と俺が声をかけ、近所のコンビニまで2人でバカ話をして笑いながら歩くのを、とても楽しそうにしてくれた。

そして、休日の日曜日の外食も思い出がたくさんある。メニューを見ながら、注文を決める時間はとても楽しかった。俺が勝手に「聖子はステーキセットな」と決めると、「嫌だよ」と言い返す一瞬に、俺たちの20代があった気がする。

グアムへ新婚撮影旅行

近場で遊ぶのも好きだった。公園のジャングルジムで登ったり降りたり、また雑貨屋巡りも聖子は好きだった。

自分が一番どん底で、つらいときにそばにいてくれた聖子。仕事は全然違うので相談はできないけれど、俺が苦しい状況というのはわかってくれて、味方になってくれた。みんなが敵だと思っている中で、唯一の癒やしだった。

俺が疲れて帰ってくると、よく作業着を洗濯してくれた。その優しさ、懐の深さに今まで幾度となく救われた。

仕事柄、いろいろな人に会ってきたが、やはり聖子が俺には一番だ。

Episode 05

俺と父ちゃん、親子で覚悟の白装束

俺はやりてえんだよ！ ～俺が考える理想の工場づくり～

俺は俺なりに、シタラ興産の「後継者問題」を次のように考えることにした。

それは、「どういう社長になるか」ではなく、「どういう会社だったら継げるだろうか」を考えることだ。社長像よりも会社のビジョンを重要だと思うようになったのである。

「どういう会社なら継ぎたいか」、その答えが「自分の考える工場をつくる」だった。ジムでの筋トレが終わってから、俺は漠然と工場をつくりたいと思い始め、夜な夜な「俺にとっての理想の工場とは」を考えるようになった。

俺にとっての「理想の工場」とは、不法投棄の経験があったので、ゴミを投入するところは1カ所、勝手にゴミがいろいろなところに行かないようにするため、全自動で監視し、管理できるシステムがある工場のことだ。そのときに考えた理想の工場の一部が、現在の「サンライズFUKAYA工場」につながっている。

俺は頭の中で妄想を続けた。工場をつくるなら、こういう機械を置き、こういうラインをつくりと、勝手にレイアウトを考えていた。しかし、あくまでたった1人で妄想の中で突っ走っていただけで、必要な具体的なものは何もなかった。土地すらなかった。

ところが、妄想も念ずれば花開くで、俺が32歳のときに、今のサンライズFUKAYA工場がある土地を売ってくれるかもしれないという話が出た。父ちゃんはさっそく売主のところへ話を聞きに行き、「ぜひほしい」と言ったそうだ。

俺はてっきりその土地を買うものだと思い、「これだけ広い土地なら、俺の理想の工場をつくれるかもしれない」と嬉しくなっていた。

1週間後、父ちゃんに、「あの土地、どうなった?」と聞いた。すると、「あの土地だが、高いのでやめた」という返事だった。そこからはもう親子でケンカである。短気な父ちゃんの息子である俺も短気で、すぐに言い争いになった。
「なんで買わなかったんだよ、あれは絶対に必要な土地だ」と俺。
「あんな広いところ、何するのか決まってないのに買えねえだろ」と父ちゃん。
「何言ってんだ、俺はやりたいことがあるんだ！」と叫ぶと、父ちゃんは「そんなに言うなら自分でやってこい！」と再交渉することを許してくれた。

こうして俺は土地を買いに奔走することになる。まだシタラ興産を継いではいなかったが、理想の工場をつくるという自分の夢のために動き出したのだ。

まず、売主の社長のところへ出向き、「設楽の息子ですけれども、土地の件で来ました。父は断ったと思いますが、もう1回継続して考えてもらえませんか」とお願いした。

売主の社長から「親の了解をもらって来てるのか？」と聞かれたので、「自分でやってこいと言われました。了解をもらってます」と答えて、もう1回検討してもらえることになった。

その土地は、もともとは東芝の下請会社の工場があった土地だった。かなり広く5500㎡もあったが、どのくらいの売値なのか、俺にはまったく見当もつかなかった。売主は、「5億円ぐらい」だという。安いのかどうかもわからないまま、父ちゃんに伝えると、

「俺に話が来たときは3億円だった。お前には5億円と言ってきたということは、売る気がないいんだ。相手にされてないんだよ、わかれよ」

「いや、でも、諦めきれねえ。俺にはやりてえことがあるんだ」

「何がやりたいんだよ？」

「俺は工場をつくりたいんだ、ゴミが自動で流れてきてそこから分別するんだ」

「そんなもの、できるわけねえだろ、第一、この俺が聞いても、お前の言っていることがわからねぇ」

「でも、俺はやりてえんだよ！」

そう宣言したときに、「どうしてもやってやる！」という覚悟が決まり、俺は売主に頼み込んで、父ちゃんに最初に提示した3億円にしてもらったのだ。

3億円の連帯保証人

土地の売価が確定したら、次はその3億円の準備だ。俺は1人で銀行へ向かった。土地の買い方がまったくわからなかった俺は、父ちゃんに「銀行に行ったほうがいいんかね？」と聞いたが、「知らねえよ。自分でやるって言っただろ」と突き放されてしまった。

そこで、シタラ興産のメインバンクの群馬銀行に、俺はとりあえず出向くことにした。出向くと言っても、これまでほとんど銀行に行ったことがなかったので、「誰に話したらいいのか」と銀行内をフラフラしていたところ、「設楽さんの息子さんですか」と窓口の方に声をかけてもらい、話をすることができた。

問題はここからだ。「3億円を借りたい」と頼むと、「あなたも連帯保証人に入るのであれば貸しましょう」という話になった。その当時、俺はシタラ興産の専務になっていたので、連帯保証人に入れば貸してくれるというのだ。

3億円の連帯保証人、そう軽い気持ちでは引き受けられない。当時の俺には勇気がいる決断だった。もし自分も連帯保証人になるのであれば、その瞬間に会社を継ぐしかないと思った。

ただし、俺には根拠のない自信があった。経歴的には、大学は出ていないが、他の同世代後継者よりつらい思いを経験し、努力してきたはずだ。後を継ぐ二代目で、20代の頃にあんなつらい思いをした後継者はいないだろう。

理論上では速攻で打ち負かされてしまうが、そのちょっとした根拠のない自信があったために、「俺ならやれる、うまくいく」と思えたのである。


「父ちゃん、もし連帯保証人になってくれるなら、俺も連帯保証人になる」

と言うと、俺の申し出に父ちゃんは一つ返事でＯＫしてくれた。

これで理想の工場をつくれる。そう思ったとき、俺は夢が持つワクワク感を初めて感じることができた。シタラ興産に夢も何もなく入社して働いて、父ちゃんの後なんて継げない、辞めたいと思いながらどうにか仕事をしてきたけれど、このとき初めて自分で夢をつくり出した気がしたのである。

このとき俺は、会社を継ぐことをハッキリと決めた。父ちゃんに言われたわけでもなく、自分も継ぐと宣言したわけでもないが、もう継ぐ覚悟を決めたのだ。

こうして土地を確保したうえで、次はいよいよ工場建設だ。工場内のレイアウトはすでに頭の中にできていたので、自分でさまざまな業者を呼んで打ち合わせを重ねた。打ち合わせをする中で、俺の理想が高すぎたのか、「これはできるけど、これはできない？　それなら意味ねえよ、帰ってくれ」「これをこう並べたいけどできない？　それならダメだ、何しに来たんだ」と、思い通りにできないことがわかると他の業者を呼ぶ、そのことの繰り返しになった。かなり生意気だったと自分でも思うが、それだけ夢の実現に真剣だったのだ。

この頃、シタラ興産の年商は10億円ほどだった。福島県と栃木県の片付けも何とか終えて、一時期は会社が潰れてもおかしくない状況だったが、筋トレに励んでいた頃から少しずつ売上アップをはかり、会社を安定させてきていた。その意味では、理想の工場新設のタイミングは悪くなかったと言えるだろう。

俺の理想100％の工場

俺には新工場のビジョンがあった。それは、集めてきた廃棄物を機械に投入すると、ベルトコンベアの上に乗って流れてくる。その流れてくる廃棄物から再利用できるものだけを、作業員が取り除き、ゴミはゴミだけになる。今のように、廃棄物を地面に広げて手作業で少しずつ分別することを繰り返すよりも、ずっと効率的なやり方だと俺は考えていた。

ただし、当時はどの業者もシタラ興産と同じように手作業で分別を行っていた。だから、父ちゃんは、「ゴミが流れてくる？　理解できん。そんなのはできるはずがねえ」と言って、最後まで納得してくれなかった。

だが、俺はそういう工場がつくれると思っていた。その理由は、24歳のときにドイツでさまざまな廃棄物処理の機械を見て来たからだ。ドイツ行きは、父ちゃんからの勧めがあった。「ドイツで展示会を見て来い」と言われて、ドイツのケルンに行ったのだ。

そこでは、廃棄物処理に関するさまざまな機械が集まる環境展が開催されていた。3日間開催されていたが、その展示会で俺は衝撃を受けたのだ。「世界にはこんなにゴミ処理のいろんな機械があるんだ。いつか使ってみたい」と漠然と思った。

巨大な破砕機を見たときに、「うちの会社にあったら、どれだけ仕事がはかどるだろう」と思った。その頃は俺も作業をしていたので、作業の効率性や安全性などが気になっていた。しかし、「うちに置いたところで屋根がないから、野ざらしになってしまう。すぐダメになるだろう」と見るだけで終わってしまった。

3億円で土地を買った後、俺は1人でどういう工場にしたいのかを改めて考えた。最初はとにかくお金を気にせず、自分が思い描いた工場を実現するために、置きたい機械やシステムを配置しようと思った。

はじめから予算を立てて計算し、オーバーするようなら削るという発想で考えることはしなかった。俺の理想100%の工場を考え、完成させてから値段を出してもらい、削るかどうか、変更するかどうかを決めようと思ったのだ。そのため、「これはいくらかかるから買えない」という目線で考えることはしなかった。

機械を決めて、工場全体のレイアウトを考えた。工場の機械を扱う業者を何社か呼び、話を聞いて初めてわかったことがある。自分の理想通りの機械を配置しようとすると、1から10まですべてができる業者はなかったのだ。ここまではできるが、ここからは扱えない。これとこれはつなげられるが、これはつなげられないなどと言われてしまった。

まったくお話にならなかったのである。

夜な夜な考え最高の形で完成させる

「理想を実現できる会社はないのか？」

俺はさまざまな機械を組み合わせて配置していくことを考えていた。そこで、速くなったり遅くなったりせず、それぞれがスムーズに動くように改造したり、機械の選定にも時間をかけた。

このときに連絡したのが御池鐵工所（みいけてっこうしょ）だ。広島県にある機械メーカーなのだが、初めてこの会社に連絡したのは理由がある。父ちゃんが、「産業機械は御池が一番だ」と言っていたからだ。以前から、「御池がいい、でも高いんだよな、俺の憧れなんだ」と話してくれていた。

御池鐵工所の製品をシタラ興産では導入したことがなかった。父ちゃんが「御池は高い」と言っていたこともあり、「うちは違うメーカーに頼んでいるから縁がないのかな」と思っていたのだ。

だが、今、理想の工場をつくるにあたり、「どうしてもこんなラインをつくりたい」と思ってはいたが、そのラインをつくる会社が見当たらず、俺は行き詰まっていた。そんなときに、俺は「本当に高いのか？」という気持ちもあり、意を決して御池鐵工所に電話してみた。

すると、電話に出た関東営業所・所長の河本さんが、「協力したいです」と快諾してくださったのだ。さっそくシタラ興産に来ていただくことになった。河本さんと世良さんは、今でもシタラ興産の担当者だ。

河本さんが打ち合わせに来てくれた日の夜、父ちゃんは嬉しそうに、「今日、御池が来たんだって？　見てもわかんないから、何をやってるかは見せなくていい。でも、御池がうちとやってくれるのか？」と聞いてきた。

「やってくれるみたいよ」

「そうかそうか、じゃあ、ひょっとすると本当になるかな」

「何言ってんの、本当にする気なんだよ！」

と父ちゃんと話したことをよく覚えている。父ちゃんは満面の笑みでニコニコしていたのが、とても印象的だった。父ちゃんのあれほど嬉しそうな顔を見たことがなかったからだ。父ちゃんのその笑顔を見て、俺は「これはもう、俺も御池がいいと思う。値段が高くても、御池がいいよ」と直感でお願いすることに決めたのだ。

御池鐵工所にすべて仕切ってもらうことになり、それまで話を進めていた他のメーカーや業者には、「今回は御池さんに決めさせてもらいます。申し訳ありません」と伝えた。さすがにどの業者からも、「ここまでやってふざけるな」と嫌味を言われたが、俺は父ちゃんの憧れの御池鐵工所が絶対だと思ったのだ。

こうしていざ御池鐵工所と仕事を始めたのだが、河本さんが持って来るレイアウトにどうも納得いかなかった。言ってしまえば、普通のレイアウトで、他の業者にあるようなレイアウトだったからだ。

納得いかなかった俺は、

「レイアウトに関しては、俺に考えさせてもらいたい。俺もずっと悩んできて、頭の中に図面がある。そのレイアウトの図面を、きちんと製図してもらう作業を御社でしてほしい。俺は今まで温めてきたプランを変えたくない。もし間違いや、絶対に失敗するケースのようであれば、つど教えてほしいし、アドバイスしてほしい。あとは、御池さんに機械同士をつなぎ合わせるのを頼みたい。俺は最高のラインをつくりたいから、御池さんの機械を柱にするけれど、いろいろな業者から機械を買ってくることもある。それもつなぎ合わせて1つのラインにしてほしい」

と、熱く語ってお願いした。

このお願いだが、聞く立場で考えるとかなり生意気かもしれない。しかし、俺が夜な夜な考えてきた理想の工場を最高の形で完成させるためには、譲れない願いだったのである。

ゴミ屋に頼られる廃棄物処理工場をつくる!

新工場のレイアウトに悩んでいたときに、俺は富山県の埋め立て場に行った。その近くに機械メーカーがあると聞いていたので立ち寄ってみると、巨大な破砕機があった。俺はその威力の凄まじさに目を奪われた。そして、新工場の中にこの破砕機を入れたいと考えた。

この巨大な破砕機はアメリカ製のプリマックスというもので、まだ日本に入って来たばかりのものだった。俺にはその機械が輝いて見えた。大きな廃棄物を細かくするのが破砕機だが、その巨大さに驚き、「日本にこんな機械を使いこなす会社があったのか！　このすごい力で破砕できたらどんなに楽だろう」と、もうその破砕機が頭の中から離れなくなってしまった。

当時は、ちょうど2008（平成20）年9月に起こったリーマンショックの時期で、1ドル＝75円前後と非常にドル安の時期だった。アメリカ製であれば今なら値段的にも安く買えると考え、すぐに見積りを出してもらうと1台1億円だった。

俺はその機械の購入を誰にも相談せずに即決した。しかも2台のオーダーをしてしまった。まだ工場はできていないどころか、レイアウトさえも完成していない。そんな状態にもかかわらずオーダーしたのだ。土地代と合わせて、すでに5億円がかかっている。

見切り発車と言われても当然で、そんな進め方をしていたためか、社員が数名辞めてしまった。「勝手に機械を買って何億も使うなんて、何を考えているのかわからない」と思われていたのだろう。「こうやってやるんだ」と俺は説明してきたが、社員たちにはなかなか理解を得られないでいた。

まだ手作業で選別を行っており、「屋根付きの選別ラインなんて、イメージ湧かないし、できるわけがない」ということで、「二代目の息子は大丈夫か?」となっていたのだ。

それでも、俺はこのプリマックスが絶対に必要だと思った。その当時、シタラ興産では小さい破砕機を4台使っていたが、パワーがなく、非常に時間がかかっていた。それに比べて、巨大な破砕機プリマックスを使えば、大容量がすぐに終わると予想できた。

俺の中ではお客様のターゲットも決まっていた。システムアローのときに営業を経験していたので、いきなり飛び込みで営業をかけても、仕事を取ってくるのはなかなか難しいとわかっていた。それならば、ゴミが集まるゴミ屋さん(ゴミを集めて処理できる工場)に営業をかければいいと考えた。

ゴミ収集業でも、ゴミの選別は手作業で行っていたため精度が低かった。その精度が低いゴミをもう1回、シタラ興産の新工場で扱おうと思ったのだ。そうすれば、ゴミも集まるし、もう一度分けるものも取り出せて、より良くなる。

何より、シタラ興産を頼ってもらえるような工場をつくりたいと思っていたので、大容量の作業ができるほうが絶対にいいと考えたのだ。

「そんな大きな破砕機を2台もなんて」と言われていたが、2台あっても足りないくらいになるかもしれないと俺は思っていた。ゴミを営業して集めてくるのではなく、ゴミ回収業者が集めてきたゴミから選別して資源化できるものを取り出した後のゴミ、もうこれ以上は再利用できないとなったゴミをシタラ興産で集めて、再度選別しようと思っていたからだ。

100件に営業をかけて小さい仕事を取るか、1件に営業をかけて100件分の仕事を取るか。前者をするには営業マンを多数揃えなくてはいけない、後者であればそれだけの仕事をこなせる設備が必要だ。俺は後者、機械に投資することを選んだのだ。

設備投資にかかる2億円の融資を受けるために、俺は群馬銀行に何度もお願いに行った。

「今度の機械はとにかくすごい。大量に仕事をして、きちんと返すから、これを2台買っておきたい。今なら半額の値段で買える。機械が消耗してしまうので、2台を入れ替えていかないといけない。2台あって1台分なんだ」
と繰り返し頼み込み、何とか融資してもらうことができた。この機械の返済はつい最近まで行っていた。

許可申請はつらいよ

俺が正式に社長になったのは、2016（平成28）年5月14日のことだった。社長に就任する前年は、御池鐵工所と工場のラインづくりのため打ち合わせを重ねていた。この時期は、理想の工場をカタチにするための許可申請の時期でもあった。

20代後半から30代前半までの俺は、いくつも案件を抱えて仕事をしていた。システムアローの社長をしつつ、シタラ興産では専務の立場になって許可申請を行ってきた。そのため許可申請については経験があり、そんなに大変なことではなかった。

これまでシステムアローの工場、それからシタラ興産の第5工場（圧縮）、第6工場

（破砕）、第7工場（堆肥製造）の申請を行ってきた。

俺は常に先読みをしながら、申請してきた。「今、自社が困っている問題は、次の時代にはもっと困るはずだ。それなら先に問題解決につながる工場をつくってしまおう」と考えていたのだ。

たとえば、現在、サーマルリサイクル施設の申請をしているところだが、俺は廃棄物の持つ熱量を利用して電気をつくる、発電所をつくろうと考えた。ただ廃棄物を焼却するのではなく、燃やしたときのエネルギーを回収し、発電に結びつけるという発想だった。小型火力発電所をつくり、エネルギーを電気にしようと思ったのだ。

もともとの問題は「単純焼却をどうするか？」だった。焼却炉を使った単純焼却は、ベテランでなければできないものだった。焼却炉は非常に感覚的なものを要する設備のため、シタラ興産では2人の社員しか動かすことができず、俺でも動かせなかった。焼却炉の中からパチパチという音が聞こえたら半分は燃えているなど、ちょっとした音から判断するところがあった。経験値と感性が求められたのである。

この微妙な音の違いが、俺たちにはわからなかった。もし、この2人が会社を辞めてしまったら、もう誰も焼却炉は動かせなくなってしまう。それならば、この設備はやめるという判断をした。木くずや生ゴミをずっと燃やしていたが、臭いは出るし、これからの時代にそぐわないと考えた。

むしろ、木くずや生ゴミから堆肥をつくることを、俺は思い付いた。すぐに父ちゃんに、堆肥をつくる工場を建設したいと提案した。

実はその前に、1つ進んでいた計画があった。2006(平成18)年に北京オリンピックがあったが、そのオリンピック前に中国でプラスチックの買い取りが非常に増えていた。「ゴミになるようなプラスチックを買いたい」というので、それを売るといい儲けになっていたのだ。

そのプラスチックのゴミを溶かして粒状にした「ペレット」にしてもらえれば、1キロ150円で買うというので、ペレットにするための機械を買おうかどうか悩んでいたのだ。

機械は7000万円だったが、溶かすためのプラスチックはシタラ興産には大量にあった。だから、簡単にペイできるのではないかと思った。ただし、時代によって処理方法はどんどん変わってくる。

結局、その機械は買わなかった。もしその機械を購入し、ペレットにする工場をつくっていれば、今では閑古鳥が鳴いている工場になっていただろう。北京オリンピックが終わった瞬間に、その需要はまったくなくなってしまったからだ。

2年ほどペレットにする工場の計画を温めていたが、俺はすぐに取りやめて、同時並行で考えていた第2案の堆肥工場をつくる計画を進めた。父ちゃんに、「堆肥工場をつくりたい、そのタイミングで焼却をやめる。感覚でしか使えない焼却炉は、次の時代に継いでいけないよ」と説得した。

こうして2011（平成23）年、木くずや生ゴミを堆肥にするコンポスト工場が竣工した。今でも稼働している工場だが、許可申請だけで5年ほどかかっている。これが、第7工場である。

このように、許可申請には慣れていて、新工場の許可申請にも自信はあったが、今回はそう簡単にはいかなかった。それまでとは比べものにならない規模だったからである。それにともない、許可申請の数も大幅に増えた。

一定規模を超える施設をつくろうとすると、廃掃法（廃棄物の処理及び清掃に関す

許可申請のファイル

る法律）の「15条施設」という基準に引っかかる。廃棄物処理法で定められた一定規模の処理能力を備えている施設のことだが、15条施設に該当する建物をつくる場合には、施設設置のための許可申請をしなければならない。これには時間も費用もかかるのだ。

さらに、建設の許可を得るために、都市計画区域内における「建築基準法51条但書」の許可も取る必要がある。都市計画区域内において、15条施設に該当する施設を新築することは認められておらず、都市計画審議会を通して許可を得なければならないことになっていた。これにもまた時間がかかる。生活環境影響調査も行った。

埼玉県内には、この2つの基準を満たしている工場が当時はなかった。15条施設でさえ、シタラ興産と他を合わせても数社しかないだろう。結局、すべての許可申請を終えるまでに7年がかかった。

考えぬくことで俺の理想が具体的になる

俺はあざといことはしてこなかった。人を騙したりすることは、俺が一番嫌な行為だ。俺を傍から見ている人間たちは、「設楽は思い切りがいい」と語る。

「もうここまで来たのでやるしかない」

「ここまでやってきたのだから、最後までやるしかない」

など、ぐずぐずと思い悩むようなことはない。一定のラインを超えて、俺自身が「よし！」と腑に落ちたらすぐに行動するタイプだ。こうした判断をできるようにするために、俺は基準をつくり、先読みをしてそこを超えないように努力してきた。

俺がつくった基準とは、自分の力量、能力でこれ以上いくと限界を超えるというラインのことだ。そのラインを超えることがわかっていることはしない。だから、無謀なことはしない。世界規模のことはしないし、自分が理解できないことはやらない。しかし、ギリギリまではやるということである。

俺が一番重要視するのは、先読みをすることである。「今、シタラ興産に足りないものを考え、対応する」ことである。そうしないと、社員全員が今後苦労するからだ。俺が先読みをして、これからシタラ興産に必要なものをつくったり、用意することで、仕事がどんどん舞い込み、社員がやり甲斐と幸せを手にすることができるからだ。

俺にとっての先読みの結果が、新工場の計画だ。これまでに4つの新工場をつくってきた。とにかく先行してつくっておけば、将来的にあるかもしれない苦労を回避できるだろう。周囲からは「まだ早い」と言われながら、新しい工場をつくることはシタラ興産の存在価値を高めると、俺はずっと思ってきた。

理想の工場建設もまた、この問題意識から生まれている。だから、土地を購入する前から、工場内のレイアウトまで考えていた。そのための勉強を特にしたわけでもない。いろいろな工場を見学させてもらう中で見識を深めてきた。

何より一番大事なのは、1人になって空想・妄想することである。目を瞑ってもレイアウトをイメージすることだ。「そこがこうなって、こっちがこうなる」など、どんどんイメージを固めていくと、ぼんやりとしたイメージがどんどん変わってくる。

こうした空想を毎日2時間は実行していた。現在でも、1人でベッドの横のパソコンを見ながら、次の工場のイメージを膨らませている。これまで見た機械から、「あの機械があったらいいな」ということもあるし、現在まだ存在しない機械でも、「もっとこんな機械があればいいな」と思い描き、無理やり空想の工場のラインに当て込むこともある。

一通り工場の完成予想図を頭の中で描いたら、あとはもうその通りに動くのみ。「ここにこれを入れると機械が速く動く」となれば、そうなるような設備や機械を探し、導入に向けて取り組む。レイアウトが頭の中に完成しているからこそ、「あの機械はこっちに入れる」といった指示が出せるのだ。

1人で計画を立てるのは、俺がやるしかないと思ったからだ。誰も新しいことを考えない、誰も次に進まないとなったら、会社は続いていかない。20代で何もわからないままシステムアローで社長になったときから、「次に何をするか、どうしていくか」を考えることが習慣化されたと思う。

そんな俺のことを、社員たちや母ちゃんは「判断が早すぎる」とよく言っている。だが、その指摘は真実ではない。俺は空想の中で、嫌というほど悩んでいる。悩んだ末にたどりついた結論だけをみんなに伝えているから、判断が早いように見えるのだと思う。

しかし、真実は、俺は十分すぎるくらい考え悩み尽くしているのだ。だから、俺は思い付きでは動かない。新工場の建設も何年もかけてたくさんの案が生まれ、温めてきたものだ。その答えを自分の中で出し続けているだけだ。すべての答えは自分の心の中にある。だから、聞かれたら何でも答えられる状況を常に用意していたのだ。

新工場の目玉商品!?

俺の工場設計は、机の上で本を開いて学んだことではなく、今まで体で培った経験と目から生まれている。その経験のうまい組み合わせから、自分のやりたい仕事と投入する廃棄物、それを工場内のラインでどう流すかを考える。

だから、機械メーカーから「これやってね」と言われて受けた仕事をしても、実際に廃棄物が入って来たらそんなにうまくはいかないと思っている。俺は、実際に扱ってきた廃棄物しか信じない。

新しい分野に手を出すつもりはあまりない。俺たちが今まで扱ってきた廃棄物をどのようにして効率よく処理するか、その方向でしか考えない。その思考の結論が、「工場をライン化したい」ということだ。

ライン化するには、お金がかかる。しかも、どれだけのことができるかは、機械によって決まる。機械の能力次第なのだ。対して、人の能力はまちまちで、細かいことまでできない、何時間も連続で続けられないなど限界もある。それを補うのが機械なのである。

俺はそのことに30代前半から気づいていた。だからこそ、廃棄物処理も機械化を進めなければいけないと考えた。機械化が進んだ工場をつくる、しかも産廃処理業を社会へ溶け込ませたいという俺の願いも込めて、機械によるラインづくりができたら、そこに目玉商品を持ってきたいと思った。

では、どんなものにすればいいか。3年かかってやっと見つけたのが、「AI搭載ロボット」だったのである。

「なぜ、ロボットか？」と聞かれると、特に理由はない。「なぜ、ロボットか？」という発想ではなく、産廃処理業としてあり得ないものを持ってこない限り、俺たちの業界に対する見方は変わらない。いつまでも迷惑な産廃処理業、昭和の頃からやっているような時代に遅れたゴミ処理施設。そんなイメージのままだ。その固定されたイメージをぶち壊すために、「AI搭載ロボット」なのだ。

俺たちにも正々堂々と仕事をしているというプライドがある。そして、地元で働く同級生たちに、一度工場を見に来てもらいたいという気持ちもある。その想いからも、「AI搭載ロボット」は最適だった。

新工場のレイアウトができてから、「何か目玉商品を持ってこないと、この工場はただのゴミ処理場で終わる。作業員にとっては、屋根もあって仕事がしやすいかもしれない。でも、今までと変わりないゴミ処理場で終わってしまう……」、そんな危機感が強くあった。

「ＡＩ搭載ロボット」に決めるまで、俺はさまざまな機械で検討を重ねた。選別のために、赤外線で廃棄物を飛ばす方法、波長を当てていく方法などだ。ただ、赤外線では重たい瓦礫は飛ばせない。波長を当てて判別する方法は見た目が地味だった。

俺の基準としては見た目も大事で、インパクトのあるものがいいと思っていた。それは、他業種の方たちが見に来てくれるかもしれないからだ。「人が見に来る工場にしたい」、そうでなければ産廃処理業の実態を知ってもらえないだろう。

俺は昔から「産廃屋の息子」と言われてきた。「お前の家の仕事なんか必要ねえんだ」と蔑まれたこともたびたびだ。「迷惑ばっかりかけやがって」と言われたこともあった。迷惑をかけた覚えはなかったが、「お前の家があることが迷惑なんだよ」と言われ、何も言えなくなってしまったことも……。

あのときに感じた理不尽な想いは、そう簡単には忘れることができない。しかし、そんな暴言を吐いた知り合い、上級生を、俺は決して恨みはしない。恨むこと、俺が一番不得意なことだ。むしろ、そんな気持ちで俺たちを見ている人たちに、今、産廃処理業はここまで進化したということを人づてでもいいから知ってもらいたいと思っている。

「これだけ騒音、埃、臭いがなくなって迷惑をかけなくなった」「自分たちの工場より先進的かもしれない」とわかってもらいたかったのだ。

YouTubeで見た動画に釘付け ～ゼンロボティクスとの出会いからフィンランドへ！～

ロボットを見つけたときは、ものすごく嬉しかった。YouTubeで見た動画に釘付けになり、「これだ、このロボットだ！」と閃いたときは本当に心躍った。

ただし、動画を見ただけだったので、このロボットは本当に動いて使えるのか、シタラ興産で購入して使うことができるのか、疑問は残った。俺はさっそく、以前イタリアに一緒に行ってくれた機械輸入会社の岡市さんに電話をし、「このロボットの会社、どこにあるか調べてくれ」とお願いした。

会社名は「ゼンロボティクス」とわかったが、岡市さんにもどこの国の会社かわからなかった。そこで、以前見学に行った圧縮機を扱うイタリアのマックプレス社と、ドイツのアバマン社に連絡してもらい、知っているようならアポを取ってほしいと伝えた。

すると、アバマン社の部長が「ヘルシンキにあるのでは?」と教えてくれた。EU圏内のため情報共有が進んでおり、それで知っていたようだ。ヘルシンキはフィンランドの首都。俺は「来週行くからアポ取ってくれ」と頼んだ。

2015(平成27)年7月7日、七夕の日に、俺はフィンランドに降り立った。フィンエアーという直行便で約10時間。日本は真夏の暑さだったが、現地は寒かった。シタラ興産で仕事をするようになった弟を連れて行った。それから、先ほどの岡市さんにも同行してもらった。

「岡市さん、もし本当によい機械で取り寄せることになったら、これは新しいルートを広げるビジネスチャンスだよ。俺は新しくて誰もが驚くような産業機械に興味があった。たぶん買うと思う。そのとき、岡市さんを通して買うかもしれないんだから、一緒に来るべきだ!」

そう言って連れて来てしまった。岡市さんは大阪なまりが強く残っている英語を話せたので、連れて行って損はないという思惑もあった。

弟は機械系に疎く、「兄ちゃんに任す」というタイプで、岡市さんは「圧縮機しかわからない」と言っていたため、実はロボットに興味があったのは俺1人だった。

さっそくゼンロボティクスへ向かい、初めての打ち合わせを行った。岡市さんは3日で帰ってしまったが、俺と弟は1週間、現地の工場を見学して回った。スエズという工場が世界で最初にそのロボットを導入したというので、それを見に行ったのだ。YouTubeで見た動画と同じように、ロボットアームが素早く選別してゴミを取り除いていた。俺はもう興奮を抑えることができないほど興奮して、「ほしい！」という気持ちは最高潮に達した。

ここで問題になったのは、ゼンロボティクスになかなか相手にしてもらえなかったことだ。コマーシャル部長のライナー・レーンさんに、「発売はしているけれど、これから本格的に展開する予定だ」と言われた。

諦めきれない俺は、翌日に開催されたゼンロボティクスのヨーロッパ中のセールスマンが集まる販売のための講習会に無理やり参加した。大勢のセールスマンに混じって機械の仕組みなどの話を聞いたのだ。

当然だが、日本人は俺1人だけ。ゼンロボティクスにとにかく覚えてもらいたくて、ずっとその場にいたのだが、「この日本人、何なの?」という感じで浮いていたのは確かだ。

8月半ば、俺は2回目の訪問を果たす。今度は弟も連れて行かず、1人で1週間、しかもアポなしでゼンロボティクスを訪れた。その頃はまだ電話番号などの連絡先もわからず、アポを取れなかったからだ。場所だけは覚えていたので、「1カ月前に日本から来た者です、ライナーさんはいらっしゃいますか?」と、会社のドアを叩いた。

ライナーさんはドイツへ行ってしまっていて、3日後に戻ってくるという。俺は、「3日間はスエズの工場を見せてもらっていいですか?」とお願いした。ロボットが動いている工場をしっかり見学しようと思ったのだ。スエズ工場のプラント長を紹介してもらい、タクシーで1時間ほどのところにある工場へ向かった。そこに3日間滞在した。

4日目、ライナーさんに会うとさっそく、「俺はこういうプラントを今つくっている。このプラントにぜひ御社のロボットを導入したい」と必死に説明した。ホワイト

フィンランド・ゼンロボティクスで打ち合わせ　2015（平成 27）年

ボードを借りて、「ロボットを置いたらこんなイメージで、こんなふうに使いたい」と、今考えている理想も伝えた。

だが、ライナーさんは、「まだアジアでの販売は考えていない」と言うので、「今は考えていないかもしれないが、これから先、アジアで販売しないのか？」と食らいつくと、「Someday.（いずれね）」と言われてしまった。

俺の片言の英語に彼も合わせてくれたが、そのときは結局、話を聞いてもらうだけで終わってしまった。

フィンランドには、俺の恋人がいる⁉

9月中旬、俺は3回目のフィンランド行きを決行した。ほぼ1カ月に1回の訪問だ。しつこいと思われても仕方ないだろう。相手もさすがに「また来たのか」という感じだったが、俺としてはロボット導入のための決死の行動だった。

これが、俺のやり方だ。俺は、ゼンロボティクスのロボットに恋している。好きになったら理屈抜きに押して、押して、押しまくる。初めての恋人に対してもそうだったように、俺は好きになったら止まらない。フィンランドへは、恋人に会いに行くような気持ちだった。

3回目ともなると、語学力もかなりアップしていた。自分の気持ちをもっと伝えたいので、ものすごく勉強したからだ。英会話教室に3年ほど通っていたので片言なら話すことはできたが、それは旅行で使うぐらいのレベルだ。ロボット工学のことや、機械の導入についてなど、難しいことは全然話せなかった。

そこで、俺は日本に戻って来た日から次に行くまでの間、英語を徹底的に頭に叩き込もうと決意した。想定される会話や言葉をとにかく考えて、オリジナルの単語帳をつくった。それをひたすら覚えたのだ。飛行機の中でも繰り返し単語帳を見て暗記した。「このロボットを導入するにあたって、何からしたらいいですか?」など、文法も必死に覚えた。

そんな努力の甲斐もあって、3回目に会ったときにはライナーさんから「英語、よくなったじゃないか」と褒められたのだった。

今回は写真も持って行って説明した。工場をつくる許可も下りて、建設の最中だったのだが、その現場の写真を持参した。「これがラインの上部で、ここの上にロボットアームを付けたいんだ」と熱く説明した。

3回目の訪問となると、「本当に導入を考えているのか?」と、相手も真剣になってくれた。俺は「本気です、だから3回も来ているんです。導入できるまで、4回でも5回でも来ます」と答えた。するとライナーさんが、「1回、その工場を見に行きたい」と言ってくれた。この一言が本当に嬉しかった。

ようやく実際に工場を見てもらえる、それが待ち遠しくて、俺は成田空港にライナーさんを迎えに行った。2人で車に乗り、シタラ興産に向かった。ライナーさんの息子さんは早稲田大学に留学していたこともあり、ライナーさんは日本に好意を持ってくれていた。

道中、ライナーさんはソ連対フィンランドの戦争（1939年の冬戦争）について熱く語っていて、「フィンランドは強い」とずっと話していた。

工場に着くと、機械が置けるかどうかを見てもらい、工場全体の規模感を確認してもらった。ライナーさんの印象は良かった。「社長に報告するよ」と言ってくれたので、俺は胸をなでおろした。

ただ、1つ問題があった。この時点でロボットがいくらするのか、俺は値段を知らなかったのだ。聞いたら何か断られそうな気がしたので、聞いていなかった。値段については繊細に扱っていたわけだ。

ライナーさんには3日間、シタラ興産の近くに泊まってもらい、しっかりと検証してもらった。「アジアで販売する考えはなかったけど、工場のつくりとしてはいいね、まさにロボットを置ける理想だね」と言ってもらえた。

俺と父ちゃんの白装束

ライナーさんがフィンランドに帰ったところで、俺は役員や社員たちに、「俺、実は工場にロボットを入れたいと思っている。ロボット工場をつくりたいんだ」と伝えた。そのときの俺は専務から副社長になったばかりの頃だった。

「俺の意見に賛同してくれる人はいないか？ みんなが動かしてくれないとロボットだって動かない。協力してほしい。新工場はもうすぐできあがるし、ロボットを導入して完成すれば、もっと会社を活性化できるはずだ」

熱く呼びかけてみたが、その時点で協力者はゼロだった。だが、父ちゃんだけが、

「俺はいいと思うよ」と言ってくれたのだ。

「お前がやりたいと思ってやってきたんだ。間違いねえんだったら、そのままやればいい。気にするな。最初はどうせ理解されることなんかねえんだから。俺もまだ理解してないけど、やりたいようにやってみろ」

父ちゃんのこの一押しがあったからこそ、初めてほしいと思ったロボットを、「買うぞ！」と決心することができた。

こうして俺はフィンランドに4回目の訪問を果たす。

「本当に買いたいです。世界で3番目の導入になりますが、ぜひ買いたいです。ロボットアーム4本を必ず成功させます」

と、思いを伝えた。スエズの工場とオランダの会社の2社がその時点ではロボットを導入していたのだが、スエズの工場のアームは3本、オランダの会社のほうは1本だけが稼働していた。

俺は4本を導入する世界初の会社になると意気込んでいた。ライナーさんも俺の考えに同意してくれた。AI搭載のロボットアーム4本導入には、これまでの工場づくりとトータルで30億円ほどかかることがこの時点でわかった。

ところが、シタラ興産の社員たちは、ロボットアームの数を2本だと思っていた。2本のアームで大きな廃棄物を取り除き、その後はラインに作業員が並んで手で細かい廃棄物の選別をすると考えていた。俺はすべての廃棄物をロボットで取り除いていくことを考えていたので、ここで社員からの大反対が起こったのだ。

ロボット導入を決める前までは、作業員が手で行うラインをつくることになっていた。実際、工場の建設もその計画で進められていた。それまでの進行をまったく無視してロボットアーム４本、完全に機械だけでラインを組むというのは、リスクが高すぎると思われたのだ。

すでに手作業によるラインは完成間近のため、建設費用もかかっている。アーム２本ならまだしも、すべてを機械化するのは、うまく稼働しなかったときのリスクが高すぎる。手作業でもできることを、元の計画を白紙にしてまで完全に機械化する必要があるのか。社員たちの意見は、もっともだった。

だが、それでも、俺は４本導入することを曲げなかった。社員たちを納得させるために、俺は保険会社で働いている友人の前田さんを呼んで、「15億円の生命保険に入りたい」と相談した。

「こんな話は嫌だけど、もし自殺しても、この保険はおりるのか？」

「竜ちゃん、大丈夫だ、２年経ったら15億円払われるから安心して」

前田さんの言葉を聞き、心が決まった。俺は全社員を集めた。

「俺は今、15億円の生命保険に入ってきた。工場を稼働させても2年間は何とか続けられるだろう。何かあったら、俺の体で賠償する。だから4本導入を納得してほしい」

俺の覚悟を知ってもらい、何とか頼むという思いだった。すんなり全員が納得する、ということにまではいかなかったが、俺が腹をくってやろうとしていることに理解を示してもらえた。

俺は父ちゃんにも、生命保険に入ってもらえないか頼んだ。ＡＩ搭載のロボットアーム4本の導入とこれまでの工場づくりのトータルで30億円ほどかかり、俺1人で15億円、残りの15億円分は父ちゃんにお願いするしかないと思ったのだ。

しかし、父ちゃんは年齢の問題で保険には入れなかった。ただ、もし工場がダメだったときは、父ちゃんも一緒に死んでくれると言ってくれた。

「当たり前じゃねえか、お前がいなくなるんだったら、俺も快く死んでやる。2人で金を返そう。ただ、竜、首吊りはダメだぞ。あれはみっともねえ。男の最期は白装束だ。それを着て2人で腹を切る。お前にその覚悟はあるのか？」

この言葉を聞いて、俺は自然と涙を流していた。そして泣きながら、

「……覚悟はあります！　絶対失敗しません！」

と答えた。ロボット導入はある意味、俺のわがままでもある。父ちゃんはすべてを受け入れてくれた。俺は「父ちゃん、ありがとう」という感謝の気持ちと嬉しさがあふれて、涙が止まらなかった。そして、そのときがいつ来てもいいように、俺は父ちゃんと自分の2着分の白装束を用意した。

トータル30億円の借金、そして自問自答

俺はロボット導入だけに突っ走っていて、トータルでかかる費用30億円を融資してもらうために銀行に声をかけることを、すっかり忘れていた。

とはいえ、前々から「これまでにない新しい工場をつくりたい」という話は銀行にもしていた。そのとき銀行の担当者は、「大丈夫ですよ」と言ってくれていたが、まさか全部で30億円もかかることになっているとは思っていないだろう。

俺はシタラ興産のメインバンクの群馬銀行に融資のお願いをしに行った。新工場とAI搭載ロボットがシタラ興産にとってどれだけ必要なのか、俺が生命保険に入ったことなど、赤裸々にすべての経緯を伝えた。

その甲斐あって、群馬銀行は最終的に融資してくれることになった。その融資の背景には、創業以来の会社の実績、何度も倒れそうになりながらも倒れなかった粘り腰の経営、そして会社としてまじめに事業展開してきたことを評価してくれたからだ。銀行との折衝を必死にする中で、これまではお付き合いがなかった埼玉りそな銀行からも融資を受けることになった。さすがにトータルで30億円と高額なので、複数の銀行から借りることになったのだ。

こうしてついにAI搭載ロボットの導入が叶った。この導入には、お世話になっている専門商社の海老原さんが関わっている。彼は、ロボット導入に対して熱い想いを持ち、彼の説得で商社が導入を決定し、すぐにシタラ興産に導入されたという経緯があった。

海老原さんはドイツ通の方で、ドイツ語がペラペラだ。高校卒業後からヨーロッパにずっと行っていて、フィンランド人からも信頼される方だった。俺は誰が間に入ってもよかったが、今では海老原さんでよかったと深く感謝している。彼とは今でも仲良くさせてもらっている。

いざ工場の建設が進み、ロボット導入が本格的に始まると、俺の心に怖さが押し寄せてきた。俺も父ちゃんも命を懸けているが、その重圧がのしかかってきたのだ。

２０１５（平成27）年11月11日に、俺は聖子と結婚した。ちょうどフィンランドに最初に行ってから4カ月ほど後だが、初めは反対していた母ちゃんも、「もう十分だから、結婚しなさい」と言ってくれたことがきっかけだった。俺は聖子に「結婚するぞ」と宣言し、すぐに結婚したわけだ。

結局、結婚するまで15年も聖子を待たせてしまった。ただ、「悪いけど、結婚して喜ぶ気持ちはあるが、今こういう工場をつくっている。費用もすごくかかっていて、結婚生活をハッピーなものにできないかもしれない。仕事でほとんど家にもいないと思うから、家のことは全部やってほしい」と伝えた。

聖子はすべてを理解し、受け入れてくれた。そして、翌年には子どもが生まれた。会社も順調で、家族も社員もみんなが食べることができていた。

それにもかかわらず、巨額の投資で会社が転覆するようなことになれば、家族もバラバラになるし、社員たちを食べさせていくこともできなくなる。お金のことは気にせず、腹をくくって突っ走ってきたが、やはり合計で30億円の投資は相当なプレッシャーとなって襲い掛かってきた。工場建設の現場に鉄骨が1本立つと、「これがいくらぐらいなんだろう……」と想像してしまい、怖くなるのだ。

15億円の生命保険にも入ったが、いざ工事が進んで工場の形が目の前に現れ始めると、ストレスで顔から首にかけて吹き出物がバーッとできてしまった。アレルギー反応のようなものだろうが、それが冬の間ずっと消えなかった。

そんな体の変化もあり、俺は工場ができていく様をあまり見たくなかった。仕事をしながら昼間に見に行くのはまだいいのだが、夜に見ると恐怖に縮み上がった。近寄れず、自動車の中から見て、そのまま家に帰ることもよくあった。

これは俺の弱さだ。子どもが生まれ、妻もいるけれど、家でもほとんど会話したくなかった。1人で部屋にこもり、悩んでいた。「どうしたら増えていく利子とともに借りたお金を返していけるか」「完成したらどういうふうに稼働させていけばうまくいくのか」と、悩みと同時に怖さとの戦いの日々だった。

怖さに勝つために、俺は毎日、「俺は今回も乗り切れる」と自分に言い聞かせた。これまで幾多の困難と遭遇したが、すべてを乗り越えて今がある。その自信をもとに、「今回も乗り切れる！」とマインドコントロールをかけた。

工場がほとんど完成すると、諦めもついた。「もうできてしまった。やるしかない」と思った。だが、それまではずっと怖かった。「俺だったらできる、俺しかやれねえよ」とマインドコントロールをかけ続けた。それこそ1人でブツブツ言って、自分に言い聞かせることもあった。仕事が終わると顔に吹き出物をつくりながら、ジムに通い、トレーニングしていても、常に怖さが頭にある。

家に帰って来ても離れない。それでも自分を信じるしかなかった。怖さを乗り越えるためには、最後はメンタル、精神力しか頼れるものがなくなったからだ。家のことは放ったらかして、俺は自問自答を繰り返していた。そのため、約1年間はほとんど外出もしなかった。

2016(平成28)年5月4日、ついに新工場が完成を迎え、竣工式を行った。

工場完成の半年前、仕事が終わり、家に帰った俺は、夜に1人で新工場の名前を考えた。母ちゃんが以前、「設楽家はSの付く文字がいいのよ」と言っていた。システムアローもSが付いている。「じゃあ、サクセスがいいか」と思ったが、でも「サクセス」って、何か違う。まだ成功したわけではないし、俺にはまだまだ夢があった。

あれこれと考えているうちに夜が明けようとしていた。空を見上げたときに閃いた。

建設中のサンライズ FUKAYA 工場

サンライズ FUKAYA 工場の竣工式

「サンライズ」、これだ！　しかし、「サンライズ深谷」はカッコ悪い。英語でサンライズだから、深谷はアルファベットにすればいい。こうして俺は「サンライズFUKAYA工場」と命名した。名前が決まると愛着が湧き、恐怖心も徐々に薄れていった。「サンライズ埼玉工場」も考えたが、この工場の規模感は埼玉ではなく深谷だろう。新しい発電工場ができた際には、「SAITAMA」と入れてもいいかなと思っている。

夢を叶えると新しい夢が生まれる

大手一流企業の凄腕社長に比べたら、俺の新工場建設など大したことではないはずだ。さらには、俺が体験してきたことなど、取るに足らない体験だろう。しかし、俺は俺なりに山あり谷ありの経験を積んできた。そして、40歳になりわかりかけてきたことがいくつかある。

まず、谷に落ちたときこそ、人間は一心不乱になれるチャンスだ。湧き起こる感情は「つらいな」「厳しいな」と思うだけで、あとは「早くここから抜けたい」という気持ちに向かうだけだった。だから、一心不乱になれるのである。谷を抜け、山を登り始めたときに、何にも代えがたい体験になった。

今思えば、若い頃に谷に落ちた体験をしてよかったと思う。谷から這い上がり山の頂に到着したときに、次の山が見えてくるからだ。山を登り切った先に視界が開け、新しい山が見えることで、新たな夢、新たな目標に闘志を燃やすことができる。俺は頭が悪いので、そういう体験がなければ、先を読むという習慣も生まれなかったかもしれない。

サンライズFUKAYA工場が完成したからといって、「夢を叶えた！」と喜んでいる場合ではないと思っている。確かに新工場が完成して嬉しかったが、もう次の目標が見えてしまったので、心から嬉しいと思えなかった。

次の目標に向けて走るか、現状にとどまるか、それは自由である。だが、せっかく次の目標に挑めるチャンスがあるのなら、そのチャンスをつかみたいと俺は思った。だから、今もまた、俺は走り続けている。おそらく、次の目標を達成しても次の夢が見えてくるだろう。

だから、傍から見たら俺は借金の額を膨らませて、苦労の連続のように見えるはずだ。しかし、決してそうではない。いまだ目に見えない理想の未来に向かって、全力疾走することの快感は体験した者でないとわからない。

そんな俺だから、「夢を持ったほうがいい」「夢を叶えたほうがいい」とよく言われるが、さらに「夢を叶えた後のことも考えたほうがいい」と付け加えておきたい。しかも、具体的に思い描くことが大切である。

よく知られている話だが、イチローは「プロ野球選手になる」という夢で終わらなかった。「どこの球団に入るのか」「どんな強みを持った選手になるのか」まで夢見ていたのである。俺は「プロ野球選手になる」ところまでしか考えていなかった。先に話した体験から、俺はもっと具体的に夢を考えられるようになったのだと思う。

小さな夢を100%叶えてしまったら、次はない。それよりは、できるだけ大きな夢を持って、全部を叶えられるのはまれだとは思うが、自分の人生においてそのうちの何%を叶えられるかを己に託すほうがおもしろい。

小さな夢を見るよりは、大きな夢を見て小さな夢をはるかに超えていくほうが、俺は好きだ。だからこそ、俺はできるだけ大きな夢を持とうと思う。最終的には、こんなことをしたいというデッカイ夢が俺の中で生まれている。

コラム●シタラ興産を支える社員たち②

新工場建設、設楽社長とつくり続け18年

取締役技術管理本部長　宮下智則

遊んでお金の使い方を学べ！

就職氷河期の2002（平成14）年3月、私は専門学校を卒業し、半年ほどアルバイトをしながら就職先を探していました。関根常務同様、ハローワークでシタラ興産の社員募集を見つけて、同年11月1日に入社することになりました。

私は、設楽竜也社長より1歳下になります。当時は、現・会長が社長で、「おい！　こら!!」と怒鳴られながらの陣頭指揮のもと、社長、関根常務と一緒に現場で仕事をしました。破砕作業をしたり、フォークリフトに乗ったりもしましたが、その後は変則的にさまざまな業務に関わるようになりました。

現場の仕事をやりながら、私がパソコン関係の専門学校を出ていたこともあり、事務所でパソコンでの書類作成を行うことが増えていきました。環境ＩＳＯ取得の準備にも携わっています。

シタラ興産はとても居心地がよい会社で、人間関係に煩わされず、仕事に集中できる環境でした。入社当時、会長から言われた言葉が今も記憶に残っています。

「宮下、この会社に入って、まずは働け。死ぬ気になって働いて、遊ぶときは死ぬ気で遊べ。だから、若い頃に金を貯めるな。そんなことなど考えずに、使えるところでとことん使って遊べ。遊びを覚えろ。すると、お金の使い方がわかるようになる。社会人はそこからがスタートだ」

実は会長は、私の父親の後輩です。後にこの話を私の父親にすると、妙に感心していました。会長はとても魅力的な方で、ときに厳しく、本当にこちらが弱っているときは優しい言葉をかけていただきました。

社長の背中を追いかけて

社長は、子会社のシステムアローの社長にもなっていて、私はその工場建設や許可申請の仕事を手伝うようになりました。第5工場に、社長が圧縮機を買い付けてきたときには、私が現場で管理しながら運営を行いました。第7工場からは、私も許可申請に参加しています。

サンライズFUKAYA工場建設の際にも、工場の許可申請をしました。この時期の申請は、後から後から法令が厳しくなっていくので、許可申請をしている最中からさまざまな省庁と打ち合わせをしつつ進めていくというスタイルでした。

サンライズFUKAYA工場に関しては、社長と自分の意見でほとんど進めていきました。「土地買ったけど建屋はどうする？　もともと建っていた建屋は小さくて、狭い現場だと仕事ができないから、会長に『この建屋を潰していただけませんか』とお願いしよう」などの話をしながら、工場の中身を検討していきました。

メーカーを決める際もいろいろなメーカーを呼び、最後に御池鐵工所さんにお声がけをしました。やはり一連のライン構成はつくった後が勝負になってくるので、一番大事なところになります。

産業廃棄物自体も、だいたい5年周期で中身が変わってきますので、それに対応できるメーカーを選ぶ必要があるのです。このライン自体がオーダーメイドなので、細かい打ち合わせをする必要があり、完成に向けて社長と一緒に話を詰めていきました。

こうして振り返ると、社長とずっと一緒に仕事をしてきたわけですが、私には、社長と私がともに走ってきたという気持ちはあまりありません。そうではなく、社長を必死に追いかけてきた感じです。社長はとにかく即行動の人です。その行動は瞬発的なのです。社長に置いて行かれないよう、必死に追いかけ続けている感覚でいます。

これまで社長と4つの工場を建設してきましたが、いずれの工場もそうですが、社長の先読みの力に頼っています。新工場の建設が遅すぎず、早すぎず、ドンピシャのタイミングで完成しています。社長が「これをやりたいよね」という一言に、私が反対したことはありません。

そのうえで、社長から「宮下は本当のところ何をやりたいの？」と聞かれるときがあります。そこで、勇気を出して「自分はこういうのをやってみたいです」と言うと、「それは金がかかりすぎじゃねえ？」と言われることがしばしばです。

10年後のシタラ興産は？

私が21歳のときからシタラ興産にはお世話になっていますので、39歳になる今年は18年目になります。私の18年は、新工場建設の18年でした。入社時には、まだ第1工場と第2工場、第3工場の3つの工場しかなく、現在はアスファルト舗装になっている道路も、その頃は泥道でした。工場の中も全部泥でした。

それを一つずつ整備して、一つずつ工場を増やしていったということです。本当に18年間で落ち着いている年は1年もなかったと思います。ずっと駆け足でした。最近はその速度がますます速くなっているように思います。

10年後のシタラ興産については、10年前を振り返るとまったく予想ができません。確かに、現在、シタラ興産は大輪の花を咲かせようとしています。それは社長の考えの反映でもあると思いますが、普通の会社で見られるような花の咲かせ方とは少し違います。

さまざまな技術が世に出てくる中で、最初に手を付けたいという気持ちが社長はとても強いのです。10年後は本社工場プラスで、もっと広大な敷地に行政一体型の施設を経営しているかもしれないです。もしかすると大企業とタッグを組んで、都内に広大な敷地を買って、そちらでやっているかもしれません。

社長には先見の明があります。私は社長の目に映る未来像を信頼し、バックアップしていきたいと思っています。

みんながいるんだ。俺がいるんだ

37歳で俺、社長になる

新工場「サンライズFUKAYA工場」の竣工時に、父ちゃんから俺へと「代表取締役」のバトンが手渡されることになった。2016（平成28）年、俺が37歳のときだった。

30歳頃から新工場を本気でつくろうと思い、情熱を注いできたが、その頃の俺はまだ社長業の大変さを全然わかっていなかった。気持ちのうえでは、自分が先頭に立って工場をつくり、会社をリードしているという自負はあった。

しかし、「代表取締役」を継ぐと、得も言われぬ重荷が両肩にずっしりとのしかかり、戸惑いを感じた。父ちゃんはこの重荷を1人で背負ってくれていた、そのことが実感としてわかった。それは、とてつもない重荷だった。だからこそ、父ちゃんは強い。その強さをやっと理解できたような気がした。

社長交代と同時に、金融機関から融資された30億円の返済が始まった。月約2000万円の返済は、俺にとてつもないプレッシャーを与えた。今までのように、父ちゃんがいるから大丈夫という状況ではなくなった。自分ですべてを考え、責任を持って全額返済することに、恐ろしいまでのプレッシャーを感じたのである。そのプレッシャーと戦いながら、結果を出さなくてはならなくなった。

ところで、社長交代の際に、父ちゃんから一言、アドバイスを受けた。

「竜、家を出たら役者になれ。社長という役者をとことん演じろ」

この言葉は今でも大切な教訓としている。思えば、俺が家で見ていた父ちゃんはあまりしゃべらない、もの静かで優しい人間である。ところが、家を出た瞬間にスイッチが入り、顔も雰囲気も〝社長〟に変わっている。社長になりきっている感じだった。

「なんで、そんなに変えられるのか?」と父ちゃんに聞くと、

社長就任時の俺

「俺は会社に来たら社長を演じている。会社では役者であれ。このことを意識的に続けていると、自分の意識一つで自然とそうなれる」

というのである。

父ちゃんの教えを実践していると、俺も自分のスイッチの切り替えができるようになった。どこでスイッチをオンにするのか、オフにするのか、スムーズにできるようになったのだ。

父ちゃんの一言は、俺にとって大切な教えとなった。父ちゃんには本当に感謝している。

ボチボチ横ばいは、負け

会社経営で「ボチボチ横ばい」は負けだと、俺は思っている。「ボチボチやれている」というのは、決して悪いことではない。だが、ボチボチやっていくとは、ボチボチ下がっていくことだ。人も、機械も、車両も、どんどん古くなっていくから、ボチボチを続けていると次第に苦しくなってくる。

俺はシタラ興産がそうなるのは嫌なので、設備投資に大金を注いだ。これまでのシタラ興産もよい会社だったが、このままでは次第に業績が下がり、人が離れていくことが目に見えていたからだ。

そこで苦しみながら仕事をするのか、それとも上昇気流に乗りどんどん投資をしながら仕事をするのか、選択肢は2択だった。どちらを選択しても、これからの時代は苦しいと思う。しかし、やれるチャンスがあるのならば、同じ苦しみでも投資をしながら仕事をするほうがよいと思った。この考えは、これからも変わることはない。

俺よりも賢く、一流大学を卒業した後継社長はたくさんいるだろう。そのような後継社長にとっては、俺がしてきたことなど簡単にできるはずだ。その可能性は極めて高い。問題はそれをやるか、やらないか、その違いだと思う。

本書で俺は多くの恥をあえて披露してきたが、それは俺よりも若い後継社長たちに、「あんな社長にもできたんだ。自分も頑張らなきゃ」と思ってもらいたいからだ。

そんな俺にとって、「物事を逆算して考える」ことは大切だ。たとえば、「シタラ興産の社長として、俺が働ける年齢は何歳ぐらいまでか」と考える。おそらく年齢とともに、頭の柔軟さはなくなり、発想が時代にそぐわなくなってしまうはずだ。そのことを踏まえて考えると、せいぜい67歳までだろうと思う。

しかも、俺の場合、銀行からの融資がある。その返済を考えると、サンライズFUKAYA工場は37歳で完成したが、67歳という年齢は返済する期間としてはぴったりか、あるいは少し足りないくらいだ。

俺はよく「若くていいな」と他の経営者から言われることがあるが、やりたいことの数とその達成にかかる年数を考えると全然若くない。むしろ遅いくらいだと思っている。時間が足りないのである。そう思えるのも、俺の場合は67歳から現在を眺めているからだ。

廃棄物処理業者から出た廃棄物をもう一度請け負う

リサイクル事業に、国から補助金が出ることはあまり聞いたことがない。シタラ興産でもすべてお客様からいただいたお金で経営している。だから、廃棄物をどれだけ受け入れて、どれだけの速さで処理を行うか、その回転率が重要になってくる。

今日たくさんの廃棄物が工場に運び込まれても、明日にはそれらの廃棄物が処理されていなければ意味がない。工場内が空になっていなければ、新しい廃棄物を毎日大量に受け入れることができないからだ。


俺が朝早く出勤すると、すでに廃棄物の受け入れは始まっている。工場は稼働を開始し、ＡＩ搭載ロボットを滞りなく動かすことで、早朝に運ばれてきた新しい廃棄物に対応する。

そこで選別されて取り出された材料はすべて、次のリサイクル施設に運ばれるようになっている。しかし、そのリサイクル施設には、すでに大量の材料が運ばれていて、リサイクル可能な量を超えた受け入れになっていることがある。これ以上はできない、受け入れられないところが増えてきている。

つまり、いったん廃棄物処理した後、リサイクルするルートがなくなっているのだ。そもそも、有害な廃棄物の輸出入を規制するバーゼル条約により、廃棄物は海外に輸出せず国内で処理することになっていたのだが、一部の廃棄物は相手国の同意があれば輸出することができた。そのため、多くの廃棄物は中国へ輸出してリサイクルをしてきたが、現在は中国の輸出規制が厳しくなり、まさに今、産業廃棄物処理業界は大混乱期を迎えているところだ。

シタラ興産では、もともと中国に輸出していなかったこともあり、リサイクルのルートを国内に確保している。たとえば、北海道の業者にはシタラ興産から出た廃棄物で固形燃料をつくってもらっている。シタラ興産でも固形燃料をつくっているが、自社で対応できるよりもっと大量の廃棄物があるときは、その業者にお願いしている。

できた固形燃料は北海道内のセメント会社やボイラー会社などに売って、石炭の代わりとして使ってもらっている。こうしたリサイクルのルートを、パートナーシップを結んで維持しているのだ。

リサイクルのルートについては、俺もかなりの営業をかけていた。「うちの廃棄物のリサイクルをしてください」とお願いして回った経験があり、それが今役に立っている。九州から北海道まで営業に回っていたのだ。

ほとんどの業者はそのルートがないため、困っているのが現状だ。そこで困っている業者たちから、「そうだ、シタラさんにお願いしてみよう」ということで連絡が入るケースが増えており、現在、本社の電話は鳴りっぱなしの状態である。

業者の中には、「うちでは無理です」「受け入れられません」と断る業者が少なくないが、シタラ興産ではプラスチックであれば何でも受け入れることにしている。ここには、父ちゃんの代から続く「受けられるものはすべて受けていくスタイル」が生きている。

父ちゃんが、「ゴミを受け入れないで、何が産業廃棄物処理業だ！　どんなことがあっても受け入れを止めるな、処理をして排出し続けろ」と繰り返し叫んでいたことをよく覚えている。それは対応できる設備もルートも持っているからだ。

処理やリサイクルを請け負うというスタンスのもと、それを曲げずにやってきたので、「シタラ興産は何でも扱う会社」という評判がついて、口コミで広がっていった。要は、他の廃棄物処理業者から出た廃棄物をもう一度請け負って処理やリサイクルするので、下請けという形になる。

ただし、それこそがシタラ興産にとっての活路だった。それは、シタラ興産が直接集めることができなかった廃棄物を受け入れることになるからだ。

実際、運搬業者がトラック約２５０台、毎日廃棄物を持ち込んできてくれる。シタラ興産のトラックは50台なので、合わせて毎日３００台のトラックが廃棄物を積んでやってくるのだ。これだけの数のトラックがシタラ興産に廃棄物を持ってきてくれるのは、何でも受け入れるスタイルを貫いてきたからである。

俺がハローワークになって社員を集める！

俺が社長に就任して大きく変わったもの、それは社員だ。社長就任の発表後、間もなくして社員たちの新旧交代が始まった。ＡＩ搭載ロボットの導入が決まり、社員たちの間には「仕事がなくなるのではないか？」という不安が広がっていた。「あそこは、俺のポジション」と選別するポジションの社員が一番不安になったようだ。

俺は22歳よりシステムアローの社長として働きながら、30歳を過ぎてからはシタラ興産の専務になり、新工場建設の準備を進めてきた。だから、シタラ興産の工場で働いていた社員たちと接する機会があまりなかった。そんな俺がシタラ興産の社長になるので、「アイツでやっていけるのか?」とも思われたはずだ。

結局、全社員50人のうち、15人が退職することになった。ほぼ3分の1の社員が辞めることになったのである。15人という人数は、会社が事業展開をするうえで、支障が出るかもしれない数だった。

15人の辞めた社員の顔ぶれは、社長の父ちゃんについてきた古参社員たちだった。「俺たちの時代は終わった」という気持ちで退職したようだ。定年退職の社員も数人いた。だから、俺を嫌っての退職ではなかった。

しかし、そうは言っても、一気に社員15人が辞めると、会社の士気は落ちてしまう。残った社員たちのモチベーションも下げずに事業展開をしようと、俺は腹をくくってさっそく社員募集をかけた。だが、求人雑誌、インターネットサイト、ハローワークで募集をかけても応募者はほとんどいなかった。

そこで、今度は自分の足を使って社員を集めることにした。新たな仲間集めのための行脚である。俺はさまざまなところに顔を出した。日常業務をしながら、新工場の稼働が始まる状況で、「引き返せない。どうにか人を集め、事業を回していくしかない」と動き回ったのだ。

「シタラ興産に来ないか？」「ロボット工場を運営するんだ。俺と一緒に夢を叶えないか？」と、知人から始まりいつも行くガソリンスタンドの若者にまで声をかけた。ガソリンスタンドの若者は「社員だから無理ですよ。でも、俺の友達なら紹介できます」と話してくれた。さっそく紹介してもらい入社したのが、今メカニック部門で働いている落合だ。もう3年経つが、頑張ってくれている。

俺は知り合いの知り合いまでたどり、地道に声がけをした。自分で動き回ったことで、ちょうど俺より一世代下の10歳ほど若い人たちがポツポツと入ってきてくれた。結果的に、そのときの採用活動で8人が入社してくれた。その社員たちが現在、シタラ興産の中核的な存在、中間管理職になっているのである。日本人社員１００人に、外国人の社員20人で合計１２０人の社員が今シタラ興産で働いている。

俺が理想とする社長の姿

俺が思い描く理想の社長像とは、社員みんなの働く環境づくりを第一に考える社長である。

シタラ興産に入社してきた社員たちの動機はさまざまだ。この仕事をしたくて入社した社員、単に自宅から近いという理由で選んだ社員、また「働き甲斐のあるよい会社だ」という噂を聞いて入社した社員など、本当に人によって違う。

多くの人は、「きつい、汚い、危険」の3Kの仕事をするよりは、快適なオフィスで手を汚さない、体が疲れない、綺麗な仕事をして、高給をもらいたいはずだ。しかし、誰かが産業廃棄物の処理をしなければ、地域が、首都圏がうまく流れないのも事実。だから、この会社は社会的な存在意義が高いと思っている。

俺はどんな理由であれ、シタラ興産に入社してくれた社員には、最大限に尽くすつもりだ。何があろうと面倒を見たいと思っている。俺がやることなので、ついやり過ぎてしまうことが多い。

以前、ある社員の子どもがいじめにあっていたときに、その社員がずいぶん悩んでいた。俺は何にも力になれないが、「話を聞いてあげるだけでも楽になるはず」と、夜分にその社員の自宅に行き、3時間ほど話を聞いたことがあった。

会社から自宅に帰ったからといって、俺の手から離れたとは思わない。「何か困っていることがあれば、俺でよければ話を聞くよ」と、俺はそんなスタンスの社長になりたい。高い給料をもらい、高級車を購入し、威張っているタイプの社長もたくさんいるが、俺はそんな社長になりたくない。みんなに寄り添う社長になりたい。

自分の役員報酬を上げるのであれば、その前に社員たちの給料を上げたい。そして、社員みんなが納得したうえで、自分の役員報酬をもらいたいと思っている。社員と社長の気持ちが1つになってこそ、新工場は想定以上の稼働をするはずである。

俺が勝手に新工場を建設し、「さあ、働いてくれ。お前らの給料はこの額だ！」と一方的に宣言しているようでは、会社はうまく展開しない。「ヒト・モノ・カネ」が会社には大事というが、モノやカネ以上に大事なのはやはりヒトである。

AI搭載ロボットを導入したとはいえ、動かすのはあくまで人間だ。人間がいなかったら、工場は動かない。そういう点に気づけたのは、若い頃、社員と一緒に現場で仕事をしたからだ。その社員たちが働く姿を見てきたからである。

現場で頑張ってくれている社員たちが汗水流して働いている姿を見ると、やはり「社員たちをどうにかしたい」「今よりよくしてあげたい」「給料を上げてやりたい」という気持ちが自然と生まれてくる。

さらに、「作業環境もよくしたい」「誇りを感じる仕事をさせてあげたい」という気持ちがとても強くなり、俺が今、情熱をかけているプロジェクトにつながる。大した人間でもなく、むしろバカな人間である俺に対して、献身的について来てくれる社員たちに感謝の気持ちしかない。

社員への〝おもてなし〟

シタラ興産では、工場見学や打ち合わせにいらしたお客様のために、お茶と一緒にお菓子を用意している。そして、お客様に、来社に対しての感謝の言葉を小さなカードにして添えている。

このお菓子は、お客様だけではなく社員たちにも食べてもらっている。夕方になると、仕事の疲れが出てくるので、糖分を補給してもうひと頑張りしてもらい、残業のときには少しでもお腹に入れて空腹を満たしてもらえたらと思ってのことだ。

実はこのお菓子、俺がポケットマネーで買ってきている。美味しく食べてもらいたいので、さまざまなお菓子を探しては、季節ごとに購入しているのだ。人が喜んでくれるのが大好きな俺は、「これ買って渡したら、どんな反応をするだろう?」「喜んでくれるかな?」などと考えながらお金を使いたい。そんなお金の使い方は楽しい。

先日は女性社員たちのために、ネイルサロンをプレゼントした。ネイルサロンを経営している俺の友人にお願いして、会社へ来てもらったのである。無料チケットを配布して、直接、ネイルサロンに行ってもらうのも悪くはないのだが、子育てに追われる女性社員もいるので会社に来てもらったのだ。

そもそもネイルサロンを呼ぼうと思ったのは、爪を綺麗にしてもらい、ちょっとオシャレになったら気分も軽やかになり、仕事に励んでくれるのではないかと考えたからだ。ネイルをしたい女性社員たちそれぞれ1時間半ほど時間をかけてネイルをしてもらい、とても好評だった。

12月の仕事納めの日には、男性社員のほぼ全員を表彰している。たとえば、その年の新入社員には新人賞といったように、毎年いろいろな賞を考えて表彰しているのだ。その表彰のプレゼントとして、G－SHOCKの腕時計を渡している。

工場で働いていると、腕時計で時間を確認することが多いため、腕時計を手渡しているのだ。賞によって腕時計の値段には差をつけていて、高いもので5万円ほどである。同じものをもらったときには、後輩にあげるように伝えている。「先輩の○○さんからもらった」と、引き継ぐ伝統をつくってもらえたらと思う。

社員へのおもてなしを考えるときに、俺は「産廃処理業者らしからぬ」がポイントだと思っている。産廃処理業者は汚い廃棄物を扱う、だから汚くていいという考え方が嫌だった。そのため、社員にはスーツとネクタイを支給している。よいか悪いかは別として、お揃いのスーツを着ることで、シタラ興産のチームの一員であるという意識が高まるなど、抜群の効果がある。

スーツは夏用と冬用の2着を、2年に一度支給している。〝体型を変えない〟ということが必須事項で、大幅に変わった場合は支給しないと決めた。オンワード樫山にお願いしていて、全員分を採寸してオーダーメイドでつくってもらっている。

この話をすると驚く人がほとんどだ。工場で作業をするときに着る作業着などを支給するのは当然だが、スーツまで支給、それも中小企業の産廃処理業者がとなると、本当にびっくりされるのだ。

サイズが自分にピッタリ合ったスーツを着て、それで社員たちが気分よく働いてくれる、喜んでくれるのであれば、俺はそれでいいと思っている。

特に女性社員は、会社帰りにスーパーなど買い物に行くこともあるだろう。そんなときに、あまり汚い制服や作業着を着て行くのは、カッコ悪いし恥ずかしいと思うはずだ。それならば、スーツスタイルで買い物したほうがいいだろうと思った。

工場で働く社員たちは、お揃いの作業着を着ている。それ以外の社員が同じ服装をしないのもおかしな話だ。シタラ興産の一体感、チームワーク、団結力を示すためには、統一したユニフォームが絶対よいと考えた。

これは福利厚生費から費用を出しているが、全員分をオーダーするとなると結構な金額になるので、足りない分は俺がポケットマネーから出している。全額を俺が出してもいいとさえ思っている。

社員たちは喜んで着てくれているようだ。自分で買おうと思うと結構いい値段がするため、オーダーメイドで立派なスーツを支給されるのはありがたいと言ってくれる。

どうやったら会社がもっとよくなるか、社員がもっと喜んでくれるか。そのことを常に考えているうちに、さまざまな「おもてなし」のアイデアが浮かんでくる。それらをどんどん実行し続けていきたいと思う。俺は「社長から目線」ではなく、「社員から目線」の社長になりたい。

AI搭載ロボット稼働で求められる社員像

現在、AI搭載ロボットの稼働によって、売上高に占める人件費の割合は低下している。しかし、低下してはいるが、人材採用は増え、人件費は増えている。要はそれ以上に売上高が伸びているのである。

「AI搭載ロボットが稼働されると、人間の仕事が奪われるのではないか」

そんな危機感や不安を持った社員たちは多かったが、実際はそうではなかった。AI搭載ロボットは自分で自分を直せない、ロボットがロボットを直すことはできないのである。人間が必ずフォローしなければ、グリスアップもできないわけだ。

ただし、業務についてはロボットに働いてもらい、働いてもらうために、人間がそのロボットの世話をするということになる。事業メインの廃棄物処理や選別部門はロボット導入によって人員が削減されたが、その周辺部門は今まで以上に人手が必要になっている。

新しく採用する社員だが、機械や装置のメンテナンスを行うメカニック部門の社員たちがまず必要である。新しい社員には、昔ながらの気合いや根性はまったくいらない。だからといって、機械に詳しく、深い知識を持っている必要もない。ただ、教えられたことをしっかりメモに取り、二度目から1人でできる社員が求められる。

また、AI搭載ロボットの稼働によって仕事の効率性が高まり、結果として仕事が増えている。そのために、お客様フォローや営業活動が増えるのである。もちろん、シタラ興産は営業をしない会社である。しかし、営業はしないが、営業フォローは行っている。

シタラ興産は営業をしない代わりに、設備に投資している。「シタラ興産だったら、何でも受け入れてくれる」と思って依頼される体制を整えている。同業他社でシタラ興産に廃棄物を持ってくる会社は、営業をされてお客様を獲得し、そこで得た廃棄物をシタラ興産に卸しているのである。

だから、シタラ興産にとって同業他社はライバルではない。同業他社に仕事をどんどん取ってもらい活躍してもらいたい。その中で、処理ができない廃棄物を持ってきてもらう。そういう「待ち」のスタイルが、シタラ興産の特徴である。

その営業フォローのために、シタラ興産の社員が同行することもある。直接営業はしないが折衝はするというスタイルである。そのフォローの人員もまた増やさなければならない。

こうして会社の規模が大きくなるにつれ、必然的にピラミッドの下を支える社員を増やさないと事業展開が効率的に回らなくなる。そのため、新しい社員をどんどん入れて裾野を広げる必要があるのだ。

採用試験は、一般常識のテストと面接を2回行っている。俺が面接をすることもある。面接で最も重視しているのは、過去の経歴ではなく、「シタラ興産に入ってどういうポジションで活躍したいか?」ということだ。自分に最も適正のあるポジションで、思いっきり力を発揮してもらいたい。

これからの時代、シタラ興産に必要な社員は、言われたことを応用できる人、自分で勉強できる人だと思う。そうでなければ、機械化が進んだシタラ興産では活躍することが難しくなっていくだろう。

全社員が盛り上がるバーベキュー大会

「令和」間近の2019(平成31)年4月の土曜日に、社員を集めた大バーベキュー大会を開催した。現在勤めている社員と新入社員、それから外国人の社員の三位一体の懇親をはかった。大いに盛り上がり、SNSなどにどんどん写真が投稿されていた。

俺が嬉しかったのは、外国人の社員たちが一番盛り上がっていたことだ。彼らの投稿には、海外の人たちからたくさんの「いいね!」がつけられていた。現在、シタラ興産では20人の外国人が社員として働いている。全社員の20%ほどを占めており、これからも増えていくはずだ。

２０１９（平成31）年４月の新入社員は日本人５人、海外からきた外国人３人で、合わせて８人の社員がシタラ興産に入社してくれた。シタラ興産では、毎年順調に採用が行えている。今年の新入社員たちから「雰囲気のよさが入社の決め手になった」との声を聞いて、俺は嬉しくなった。

人手不足の今、どこの会社でも入れただろう。それなのに、シタラ興産を選んでくれた。俺が嬉しかったのは、給料も大切だろうが、雰囲気を重視して選んでくれたことだ。

新卒採用の場合は、シタラ興産のほうから近隣の高校や大学に出向き、説明会を開催するようにしている。パンフレットを置かせてもらい、興味のある学生がいた場合に説明会を開き、工場見学や職業体験に参加を促している。そうすることで、仕事への理解、会社の雰囲気を見てもらい、入社に向けて考えてもらうようにしているのだ。

そのため、ブースを出しての合同説明会などには参加したことがない。周辺の学校に絞って採用活動をしている。

バーベキュー大会を楽しむ外国人社員

少子高齢化が進むこれからの日本では、外国人労働者の取り合いになっていくだろう。そうなると、いかに外国人を呼び込むかではなく、今働いている外国人の社員やその家族からいかに波及してもらうかが重要になってくると、俺は考えている。

シタラ興産のホームページには、工場の様子がわかる動画がトップページに掲載されている。YouTubeの動画なので、世界中の人が見られる。シタラ興産で働く外国人の社員が、彼らの祖国にいる家族に仕事場を見せることができると思って、あえてYouTubeに掲載する動画を撮影して、トップページに表示しているのだ。

どのような環境で仕事をしているのか、

どんな仕事をしているのか、どんな人たちと一緒に仕事をしているのか。そういったことは、文章で説明するよりも映像で見たほうがわかりやすい。遠い日本の地でも、笑顔で働く彼らの姿を見ることができれば、家族はきっと安心できるし、喜んでくれるはず。そう考えたのだ。

こうした心遣いは、父ちゃん、母ちゃんから学んだことだ。俺の家族は俺も含めて皆、学はないが、世の中に通じる智恵を持っている。

彼らが祖国に帰ったときに、現地の親戚や兄弟、知人などに、「いい会社だよ。居心地がよかったよ」と絶えずシタラ興産を紹介してくれることが重要だと俺は考えている。そんな信頼関係を築き、環境を整えていくことが一番効果的である。

このつながりをうまく保てれば、将来、人材不足に悩まされることはない。やはり、人対人なのだと思う。

一生懸命に働くことに国籍は関係ない！

現在、外国人の採用は、俺の友人からの紹介が中心になっている。小学校の頃から仲のよい友人で、彼はペルー人と日本人のハーフだ。彼はペルーをはじめ海外のネットワークがあるため、シタラ興産で働く条件に見合った外国人を紹介してもらっている。

俺は今、英会話研修に力を入れている。それは現在、シタラ興産には外国人の社員が20人働いていて、彼らとのコミュニケーションにも役立つかなと思ったからだ。ジムで知り合ったアメリカ人の友人に講師を頼み、英会話教室を行っている。教科書を見て独学するよりも、外国人と英語で直接やり取りするほうが身につくことがたくさんある。

ただ実際には、英語を話せる外国人は少なく、しかも彼らは来日以降、精力的に日本語を学んでいるので、日本語でコミュニケーションする場合が多い。

外国から来た社員たちが、それぞれどこの国から来日したのかを表にして掲示している。また、社員証を胸につけてもらっている。お客様にもどこの国の人が働いているのか、名前と一緒に覚えてもらいたいからだ。

シタラ興産は、「小さいグローバルな会社」を目指す。会社自体は小さいけれど、そこで働く社員たちはさまざまな国からやって来た人たちで、グローバルな組織を目指したい。そういう会社こそ、いろいろなことを知ることができておもしろいと俺は思う。

1つ気をつけていることがある。日本の会社に就職した海外の方たちは、「日本人より活躍したい。日本人より少しでも上にいきたい」という気持ちで働いている人がほぼいないと、勝手に日本人が思っていることだ。

外国人は日本人の下で使われるために来ていると思っている人が大半だ。そのため、自分の発言はしない、集合がかかったときは日本人が前で、自分たち（外国人）は後ろだと思って行動しているのだ。

俺はその様子がたまらなく嫌いだ。みんな一緒の仕事をしているのに、なぜそんな態度でいなければいけないのか。むしろ、彼らに助けてもらっているとさえ思っている。

そこで、俺はハッキリと決めた。シタラ興産では、日本人も外国人も平等で対等、何か問題が起こってもジャッジは平等に行う。これだけは、日本人の社員にも、外国人の社員にも、きつく言い続けている。

働くことに、日本人も外国人もない。働くことに、国境は必要ないのだ。シタラ興産で働いているうちは役職の上下はあっても、人間の上下はないと、俺は常に言っている。

さまざまな国に行き、いろいろな経験をさせてもらってきたので、海外から日本に来て働くことの大変さがわかる。俺だったらできないことを彼らはやっているわけだ。家族にも友人にも会いたいだろう。その気持ちをわかってあげられない、ただただ労働者として使うようなことをするなら、それはひどいことだ。

そのため、外国人の社員にも研修を受けてもらっている。人材派遣会社などからは、「安い賃金で使えるからどうですか?」とか、「最低賃金で大丈夫だし、ちょっとぐらいケガさせても責任持つから」とまで言われたことがあった。

俺はそういうスタンスで外国人を見るのが、本当に大嫌いだ。そういう言い方をされると、その会社に対し幻滅する。逆に、「賃金が安いからと言われて、その人はその会社のために本気で働いてくれると思っているのか?」と問い詰めたいくらいだ。そういう意識の人間や会社には、二度とシタラ興産に来てほしくない。

当たり前だが、彼らは奴隷ではない。日本で生活する水準も、祖国にお金を入れるための賃金の水準もあるはずだ。それを無視している会社がいいとは思えない。それをよしとする人間がいたら、俺はその人間と付き合えない。綺麗事かもしれないが、綺麗事でいいと思っている。俺は綺麗事を貫こうと思う。

60代社員たちの知恵と気遣い

シタラ興産での雇用だが、定年は70歳となっている。65歳で一度定年を迎えるが、それ以降は本人と1年ごとに相談を重ね、希望があれば雇用を70歳まで続けることができる。

60歳から働きたいという人もシタラ興産では大歓迎だ。最前線の仕事は無理だと思うが、たとえば工場の美化やメカニックの工具の手入れ、植木の剪定など、目立たないが大事な作業がいろいろある。そういうところで活躍してくれる人は歓迎したい。

シタラ興産は社員の平均年齢が30代後半である。そのため、60代の方々のよい知恵をさまざまにもらっている。3年前、60歳から働き始めた二谷さんは、主に工場の清掃、美化の仕事をしてもらっている。若い社員たちが、「二谷さんはすごいんですよ」と話しているのをよく聞く。

「何がすごいんだ?」と尋ねると、いろいろな会社で働いてきたため、掃除の仕方も普通とは違い、今まで培ってきた経験を踏まえながら、考えながら清掃しているというのだ。二谷さんの掃除には学びがあると口を揃えて話している。よい知恵や技術を、若い社員たちは見習っているのである。

二谷さんと同じく60歳を超えている山田さんは、自分のポジションを自分で見つけて仕事をしてくれている。お客様が工場にいらっしゃるときは、必ず水を撒いて工場内を綺麗に掃除する。こちらから何か頼まずとも、自分なりに考えて仕事をしてくれるのだ。

それこそ、まだ30代の若い工場長が気づかないことにも目を配っている。工場長が「山田さん、こういうふうに掃除するんですね。こうすればもっと綺麗になるんですね。山田さん、みんなにやり方を教えてください」と話していた。掃除については、山田

活躍する60代社員

さんは工場長を超える存在で、工場長はそれを素直に学んでいる。

60歳以上の社員は、シタラ興産に30人いる。その30人で1つの運搬チームを組んでいる。彼らには毎日2人1組でゴミ収集車に乗ってもらい、15台分のトラックでゴミの回収をお願いしている。やはり、同世代のほうが話も合うだろうと思い、あえて同世代の人たちでチームを組んだのだ。

シタラ興産には、派閥はないがチームがたくさんある。工場チーム、運搬チーム、運搬のシルバー世代チーム、外国人チームなどだが、それぞれのチーム間はフランクで、そこに差はない。チームごとにチーム長が決められていて、チーム長が同等水準であるかどうかを厳しくチェックする体制となっている。いくつものチームのつながりによって、シタラ興産は支えられているのだ。

仕事しながら学ぶことで、成長する

多くの人は、「この会社は夢を見られない会社だ」と判断したら、会社を辞めてしまうだろう。もしそんなふうに判断されて、せっかくシタラ興産に入ってくれた社員たちが辞めてしまったら、こんなに悲しいことはない。

そこで、「この会社では夢を見られる」「この会社にいればレベルアップできる」と思ってもらえるよう、俺は社員教育や海外研修を積極的に行うことにした。

研修に力を入れたのは、俺自身、何も知らないことばかりだったこともある。俺のこれまでの会社経験は、主に産業廃棄物処理業の会社であるシタラ興産とその子会社のシステムアローに集約される。シタラ興産以外の外のことはほとんど知らないし、礼儀や一般常識にも自信がなかった。

研修の最初は、言葉遣いからスタートした。「承知いたしました」「かしこまりました」という言い方さえ知らず、「了解しました」「わかりました」と言っていたくらいだ。社会人としての初歩的な教育を今まで受けてこなかったので、俺も含めた全社員で基礎的な礼儀やマナー、言葉遣いなどをまず習うことから始めた。

研修制度は現在、月2回行っている。礼儀作法のマナー、コミュニケーション、仕事に対する心構え、チームワーク、英会話、海外研修、国内研修と7つを用意して、毎年好きなものを決めて実施している。これらの研修には、俺も参加する。知らないことばかりなので本当に勉強になる。

ある社員が、「学生時代には勉強をしなかったので、大人になって勉強の大切さに気づきました」と言ってくれた。この言葉がとても嬉しかった。また、他の社員は、「研修が日中のお金を稼ぐ時間帯に開催されるのはとてもありがたいです。わざわざお金をかけて私たちに研修を受けさせてくれることが、嬉しいです」と言ってくれた。

研修は、日中の就業時間中に行うようにしている。普通は早朝や夜などの勤務時間外に行うことが多いが、俺に言わせれば就業時間外に研修という名のもとに社員たち

真剣な眼差しで取り組むリーダー研修

を拘束することはよくないと思っている。

仕事が終わってから研修をすると言われても、俺自身も身が入らないと思った。せっかくお金をかけてやるのであれば、しっかり学んでほしいと考えて、就業時間中に行うことに決めたのだ。俺のこの気持ちをわかってくれる社員が何人もいたことから、「研修をやってよかったな」と心から思っている。

学校に通って学ぶことも大切だが、それ以上に社会人になってから学ぶことはもっと大切である。俺自身、父ちゃんを手伝って働くようになり、社長になり、毎日さまざまなことを考えるようになった。

働くことでの体験が、学びを深くすると

感じる。自分がここまで学び、考える人間だとは思っていなかったが、それは机上の学びではなく、働くことで学んだからだろう。知恵と知識は働きながら学ぶことでより実践的になると思う。

Episode LAST

まだまだ夢の途中

AI搭載ロボットの次は電気をつくる!!

新しい大型プロジェクトが動き出した。発電プラントである。廃棄物を使い発電をしようと考えている。このような発電施設をサーマルリサイクル施設と言うが、その建設を目指す。焼却と発電を一緒に行う施設のことである。

このプラントが完成すると、埼玉県でも一部上場企業を除けば、一番の発電能力を持つ工場になるはずだ。このプラントにも、AIだけは絶対に組み込もうと計画している。AIが機械に指示を出して動かす集中制御室、もちろん無人化ゾーンもつくりたいと思っている。

深谷市には、深谷市長が支持する「ふっかちゃんでんき」という電気がある。シタラ興産によってつくられた電気は、運営しているふかやｅパワー株式会社に売り、地産地消させたいと考えている。これが俺の考える循環型社会のつくり方だ。

そもそも、新工場建設とは長いスパンの設備投資である。ＡＩ搭載ロボットが稼働するサンライズＦＵＫＡＹＡ工場では、行政とのやり取りに5年ほど、建築に2年、構想から数えると10年というスパンで1つの工場ができたことになる。

この発電プラントのために、これから60億円の投資をすることになっている。この発電プラントはサンライズＦＵＫＡＹＡ工場から徒歩1分ぐらいのところにあり、土地も購入済みである。

現在、２０１９（令和元）年で、この施設の許可申請を始めて1年目になる。２０２５（令和7）年に竣工の予定で動いているところだ。

通常、こうした計画は極秘裏に進めるものだ。近隣住民や地域から反対されると困るからだ。しかし、シタラ興産では事前にすべてオープンにしている。県内の方たちには知っていてほしいと思うからだ。

それで反対する住民の方がいらしたら、俺は1軒1軒訪ねてきちんと説明したいと思う。今回の建設予定地は、工場地帯の真ん中で周辺に民家がないのだが、それでも近隣の会社にはご理解を得なければいけない。

そこで、すでに1社1社、会社を回り、その会社の社長さんにお会いして、話をさせてもらってきた。一通り説明すると、「勘違いしていました」とわかっていただける。近隣の同業他社にも出向いて説明している。

こうした一見面倒なことでも、きちんと筋を通しておくことが大切だ。すでに触れたが、20代になってから高校時代に殴った同級生や下級生に謝りに行ったのと同じである。

また、20代前半の頃の俺はまだ若く未熟で、作業員として荒れていた時期があった。仕事がうまくいかずイライラしていた。他社の作業員とケンカしたこともよくあった。「ゴミの積み方が荒い」と言われて「そんなことないだろ！」と言い合い、ケンカが始まるのだ。

今になって、「あのときは申し訳なかった」と思ったときには、「世の中を知らなくてすみませんでした。きちんと謝罪したいのですが」と連絡を入れて謝りに行っている。この姿勢と同じである。

「このような施設をつくります。設備はこうなります」と最初に説明する。後から言って、建設できないとなると恥をかくし、「なんだ、あの会社」と批判されてしまう。そうならないように、最初にすべてをオープンにしたのだ。

つまり、絶対に逃げられない状況に自分を追い込んだとも言える。自ら「これをやります」と言ったことは、「もうやるしかない」、約束を破るわけにはいかないのだ。

2030年には売上100億円の会社に

このプロジェクトだが、完成には60億円の投資が必要だ。銀行から融資を受けることになるのだが、現在までのところＯＫをもらっている。しかし、今後、会社の業績が下がることになっては、融資が厳しくなる。

経営はどんなに厳しくとも、微増ながらも業績アップを続けなくてはならない。6年後まで常に業績アップを続け、融資が滞りなく行われないと完成しない。次のプロジェクトを成功させるために、現在と未来が大切なのである。頑張らなくてはならないのだ。

シタラ興産は現在、3行の銀行とやり取りしている。父ちゃんの時代は群馬銀行だけだったが、俺の代になってから埼玉りそな銀行と武蔵野銀行を入れて3行でやっていく形にした。

父ちゃんはいろいろな銀行と付き合うのが面倒だったようだ。群馬銀行だけで事足りていたこともある。だから、「なぜ、他の銀行と付き合うんだ?」とよく言われた。しかし、俺の代になって大型プロジェクトが動き出すと、「窓口を広げていろいろな銀行と付き合う必要が生まれた」と父ちゃんには話している。


発電プラントに60億円、AIロボット含めサンライズFUKAYA工場の建設にトータルで30億円とそれぞれ投資しているが、この2つの工場建設費の返済は同時に進めていくことになる。返済額は月だいたい6000万円ほどになるだろう。普通、このような多額の投資を重ねるのは無謀と判断し、実行を控えるものだが、俺は逆にそこまではやりたいと思っている。

現在、シタラ興産の売上は28億円、シタラグループ全体では35億円ほどだ。俺が会社を引き継いだときには14億円ほどで、グループ全体で倍以上の売上になった。父ちゃんからも、「よかった」と言ってもらえた。売上がどうなるかについてはものすごく不安だったので、倍になったと知ったときにはホッと安心したことを覚えている。11年後の2030（令和12）年、発電プラントを軌道に乗せ、売上100億円を超えたいと思っている。100億円突破のためには、サンライズFUKAYA工場だけでは超えられないと思い、このプラントを進めたとも言える。

俺の予定では67歳で、2つの融資の返済が終わることになっている。そうなったら、スッパリと社長を辞めて、三代目にバトンタッチする予定だ。

三代目は同族でなくてもいい。もちろん、同族が三代目になったら俺は嬉しいが、施設は俺の代で完成しているので、これらの施設の運営能力がある人間であれば、誰でもいいと思っている。そういう人材を育てる喜びもあるからだ。

67歳とは、父ちゃんが俺に社長職をバトンタッチした年齢だ。同じ年に、俺もまたバトンを渡したいと考えている。

最後に叶えたい「アジア進出」の夢

サンライズFUKAYA工場を完成させ、発電プラントを完成させた後に、俺が最後に叶えたい夢がアジア進出だ。アジアに進出して廃棄物の処理をしたいと願っている。

アジア進出を本気でやろうと思うと、俺が55歳までにアジアに工場をつくらないと、なかなか進出できないだろうと考えている。そうなると、俺には本当に時間がないのだ。

俺はこれまでアジアの多くの国々に出向いた。視察もあれば、観光もある。そのとき目にした光景で忘れられないのは、インドネシアを訪れたときだ。

インドネシアでは、ゴミの山の上に、幼稚園に通う俺の娘と同年代の子どもたちが住んでいた。山の上にテントを張り、両親がいて子どもたちがいるが、そのテントには住所がない。

子どもたちもゴミを拾って生活していた。ビニール、鉄、非鉄。この3種類のゴミを拾っているのだ。そして、毎日、拾ったゴミを売りに行き、その日の食べ物を買う。それを食べたら懐にはまたお金がない生活。だから翌日になるとまた、ゴミを拾いに行く。

「この繰り返しで、彼らの人生は終わる」と現地の方から聞いたときに、俺の心は張り裂けそうになった。なぜか、叫びたくなった。しかし、俺はそんな現実を目の当たりにしても、今の自分の力では何も救えない。言い知れぬ無力感が俺を思考停止にさせて、俺はその場からしばらく動けなくなった。

そのとき、ふとブラジルのサッカー少年たちの眼差しを思い出した。中学2年生で、サンパウロFCのアカデミーに留学したときのことである。試合終了後、ハンバーガーを買って食べていた俺の手許をじっと見つめるブラジルの少年たちの目だ。

だから、俺は決意した。食べることにも困っているアジアの人々のために、ゴミ処理とリサイクルの工場をつくると。もちろん、日本でもゴミ処理で困っている地域はあるが、しかしそうは言っても日本はリサイクル先進国である。ある程度の処理の道筋は確立している。

俺は処理の道筋が確立していないアジアの国に、俺たちの工場をつくりたいと思った。アジアの地域で廃棄物処理をやっていきたいのだ。ただし、俺に今できることは、日本でのゴミ処理やリサイクルを頑張り、やるべきことをきちんとやり切ることしかない。

それが達成されたら、今シタラ興産で作業をしている社員たちを引き連れて、本当にゴミ処理を必要としている国に行き、培った技術を投入して現地で工場をつくり、ゴミ拾いをしている方たちに働いてもらいたいと思っている。

今、俺は40歳だが、15年後には俺たちの力が貢献できる時代が必ず来る。アジアの国々は国民の貧しさを抱えながら、高度経済成長期に入っている。俺たちがアジアの国々に出向く頃には、公害問題が生まれているはずだ。そういうときに、シタラ興産が現地に入り、廃棄物処理を行うのだ。

現在、外国人の社員を数多く雇っているが、その社員たちの母国にシタラ興産が進出するときには、パートナーとして活躍してもらえるとも思っている。

この夢が実現されれば、ほんの少し、いくつかの地域だけかもしれないが、雇用が生まれ、親たちがそこで働くことができる。そうなれば、子どもたちは学校にも行けるし、ゴミを拾って生活する暮らしから脱出できるのだ。

先ほどの「この繰り返しで、彼らの人生は終わる」という現代の悲劇、俺の心が張り裂けそうになるほどの衝撃、無力感で思考停止になり呆然と立ちすくんだ俺を、俺は忘れたくない。

俺は、変えたい

俺にとって大切なものは、会社の仲間、家族、そして俺の心だ。

俺の心とはどういうことかというと、敵やライバルに勝ちたいという想いを封じること。そんなことはどうでもいいことだ。結局、俺が自分自身に勝てれば、夢をカタチにすることができる。他者との勝ち負けではない。毎日、戦う敵は俺の心。その心に勝つことで、夢が実現するのだ。

そんな俺だが、その性格はいたって地味だ。生活や見た目は派手に見えてしまうかもしれないが、俺の特技は地味なことを人よりも継続できることである。地味なこととは毎日、気になっていることをただ1人、黙々と考えることだ。

たとえば、単純に会社をよくするにはどうしたらいいかについて、他の社長よりもずっと悩んで考えることができる。そういった地味な作業を地味と思わずにやれることである。もう少し事例がほしいところだろう。

たとえば、野球の練習を1日やったとして、多くの人は練習を終えると家に帰り、家族と食事の時間になったりするはずだ。しかし、俺の場合は練習が終わったら、それから地味な素振りを1000本、こなすタイプなのである。

しかも、その素振りを人には見せたくない。それは俺が単純にカッコつけたいからだと言えなくもない。意外と努力している姿を見せたくないのだ。「なぜ、あの社長はあんなことができるのだろう?」と思われることが、俺は嬉しい。

仕事が終わった後、家や会社で、1人、会社の将来のことをよく考えている。将来の図面を描くこともよくある。将来の図面に沿って、俺は行動している。もちろん、軌道修正もある。ときには眠れなくなって、早朝に会社に来てしまうことや、夜中に会社に来て朝まで図面を描き続けていることもある。そういった地味な作業を苦と思わずにできることが、俺の強みである。

俺がこんなに真剣に考えぬくのは、いろいろなことを「変えたい」からだと思う。シタラ興産を、この業界を、アジアの悲しみを、俺はやはり変えたいんだと思う。「変える」ことを通じて、若い人たちに、「この産業廃棄物処理業界は大変だけど、チャンスがいろいろあるよ」と伝えたい。

でも、俺は天才じゃない。だから、人よりもじっくりと考えぬくことで、夢の精度を高めているのである。考えぬくことを限られた時間の中で無駄にせず、大切にしていきたい。

あとがき

読者の皆さん、少しは笑えた？

皆さんの心に、小さな勇気は生まれた？

俺は芸人ではないので、笑いの本質について語る資格はない。しかし、本当の笑いはおふざけではない気がする。あくまでもド真剣に生きること。朝、目覚めたときから夜、倒れるように眠るまでの間、夢に向かって懸命に生きていく姿に、共感とともにおかしみが生まれるはずだ。

俺は今後も夢を実現させるために、ド真剣に、超高速で走り続けたい。俺が思い描く夢を叶えるためには、リニアモーターカーや旅客機のような速さが求められる。しかし、このように仕事ができるのも、多くの方々からの理解と支援をいただいたからだと思っている。

埼玉県庁をはじめとする行政の方々、それに連なる深谷市役所の方々である。俺たちの事業は行政の方たちから許可をいただき仕事をしている。俺たちの事業にご理解をいただき、本当にありがとうございます。

また、県内をはじめとする同業者、他業種の先輩経営者の皆様にも本当に感謝しています。皆様からいただいた何気ない一言ですが、俺はその一言から多くを学んでいます。

今になってみると、俺をたくましくしてくれた不法投棄の撤去作業にも感謝している。福島県庁、栃木県庁の方々から指摘を受けて撤去をしたからこそ、シタラ興産を継げたと思う。俺の中でいいバネになったようだ。あのことがあったのでよい会社にしようと思ったし、あの試練をクリアできたことで自信が生まれた。

俺は、今後も工場づくりをするはずだ。それは、社員たちによい環境で働いてもらいたいからである。新しい工場を建設することは、シタラ興産がますます世の中の役に立っていることの証である。シタラ興産という会社で働くことへの自信と誇りを持ってほしいと願っている。本書を通じて、俺はシタラ興産の社員たちに深く感謝したい。

ところで、本書でさまざまに触れた「深く考えること」の意味について触れたい。俺の場合、深く考えることは、「今、目の前にある現状を少しでもよくしたい」という気持ちの表れである。今の光景が10年後も同じ光景ならば、俺は生きている意味がないと思う。

今以上に発展させるためには、今目の前に広がる現状を徹底的に見ることから始める。徹底的に見て、目の前の現状から得られる情報を頭に叩き込むことだ。叩き込めば、頭が勝手に動き出す。そして、思い浮かぶ気持ちを確かめて、さらに考え続けることである。

俺は成功者じゃない。成功したいと願い、突っ走っている「過程の若造」だ。だから、発展している未来を夢見ている。ただ、考えるのではない。常に考える、一途に考えるのだ。そうすると、夢の設計図ができあがってくる。俺を支え続けている妻・聖子もまた、いつしか深く考える人間になった気がする。最後まで付いて来てくれ。

深谷市のタクシー会社である深谷タクシー有限会社、ミツワタクシー有限会社、深谷合同タクシー有限会社の運転手の皆様にも感謝を伝えたい。

シタラ興産にとって大切なお客様をシタラ興産まで運転していただき、ありがとうございます。お客様が「シタラ興産本社まで」、あるいは「シタラ興産・サンライズFUKAYA工場まで」と一言言うだけで、運転手の皆様はカーナビや地図を見ることなくすぐ発進していただいていると聞きます。この行為によって、お客様のシタラ興産への信頼度が深谷駅、籠原駅の駅前でさらに高まりました。

お客様からは運転手さんの接客のよさをいつも褒められて、俺は自分のことのように嬉しいです。

最後になるが、お礼を言いたい2人がいます。
父ちゃんと母ちゃん、俺を産んでくれて、愛情いっぱいに育ててくれてありがとう。
俺の勇気はこの愛情から生まれました。
ありがとうございます。

設楽竜也

著者略歴

設楽竜也（したら・りゅうや）

株式会社シタラ興産　代表取締役

1979年、埼玉県深谷市生まれ。高校卒業後、専門学校で経営やビジネスを学ぶ。家業を手伝うため、2000年より現場作業員としてシタラ興産に入社。当初は工場内やパッカー車（ゴミ収集車）に乗って作業を行った。2003年、不法投棄された8000立方メートルのゴミの片付けを行政より命じられ、現場で自ら指揮を執るようになる。2015年にフィンランド製のAI搭載ロボットに出会い、導入を決断。2016年5月に、屋内型混合廃棄物選別施設「サンライズFUKAYA工場」を完成させる。2016年より現職。父の後を継いだ2代目として、産廃処理業者のイメージを変えるべく、さらなる飛躍を目指す。経済産業省平成28年度ロボット導入実証事業採択のほか、埼玉県彩の国指定工場、埼玉県3S運動スタイル大賞、第7回渋沢栄一ビジネス大賞 ベンチャースピリット部門特別賞などを受賞。2018年に埼玉県環境産業振興協会青年部部会長就任。

● 株式会社シタラ興産 URL
https://www.shitara-kousan-group.co.jp

旗を立てずに死ねるか！

2019年10月31日　第一刷発行

著　　者　設楽竜也
発 行 者　長坂嘉昭
発 行 所　株式会社プレジデント社
〒102-8641　東京都千代田区平河町2-16-1 平河町森タワー13階
https://president.co.jp　https://presidentstore.jp/
電話：編集（03）3237-3732　販売（03）3237-3731
編集協力　鮫島 敦　沖津彩乃（有限会社アトミック）
装　　幀　ナカミツデザイン
編　　集　桂木栄一
制　　作　関 結香
販　　売　髙橋 徹　川井田美景　森田 巌　末吉秀樹　神田泰宏　花坂 稔
印刷・製本　図書印刷株式会社

ISBN　978-4-8334-2334-2

Printed in Japan